JN325262

読む きんくる！

ウチナーンチュも知らない《沖縄》を伝える

NHK沖縄「沖縄金曜クルーズ」制作班＆津波信一 編

ボーダーインク

『読む きんくる！』
オープニング・トーク！

信ちゃん　みなさん！「沖縄金曜クルーズ」略して「きんくる」の時間です！

彩杏ちゃん　いつもは金曜午後7時半、ＮＨＫ沖縄放送局からお伝えしているんですが、今日は「読むきんくる！」ということで、私たち、本の世界に初挑戦です！

信ちゃん　美男美女の私たちの姿をお見せできなくて、残念〜。

彩杏ちゃん　信ちゃん、写真で出てますって。

信ちゃん　２００７年の放送開始からもう5年！　僕と一緒にやってきたキャスターも、武田真一アナ、飯田紀久夫アナ、そして塚本堅一アナで三代目なんです。「きんくる観てます！」って声かけられることも増えてきました。本物は意外と痩せてるのねって。

彩杏ちゃん　カメラがよく下から撮るので、実際より太って見えるんですよね。

信ちゃん　彩杏ちゃん撮る時にはいいんですけど……。

彩杏ちゃん　信ちゃんったら！

信ちゃん　足が長く見えるって意味です。

それにしても、「きんくる」って、グルメや県内を旅する回があるかと思えば、基地問題や沖縄戦も取り上げるし、ある意味節操ないよね～、チャンプルーといえば、まさにそうだけど。

彩杏ちゃん　私は若いからかもしれないですけど、知らないことばっかり。ウチナーンチュの友達や父親母親も「目からウロコ」の話ばっかりだって、いつも言ってます。

信ちゃん　最近は、県外から沖縄に引っ越してきた人も、沖縄に興味津々なんだよ。そんな人たちもふくめてさ、ウチナーンチュも知らない沖縄を伝えるのが、「きんくる」の目的なんだよ。

彩杏ちゃん　もちろん知ってますよー！　難しいことを易しく深く伝えることができればと、いつも私たち大奮戦中です！

信ちゃん　さてさて、今回「読むきんくる！」では、これまで放送してきた中から最近の話題をあらためて取り上げてみました。では、いつものように沖縄の未知の世界に船出しましょう！

　しーぶん（おまけ）の「信ちゃんのニュー沖縄のおもしろ看板★スター」も楽しんでね～。

読む きんくる！ ● 目次

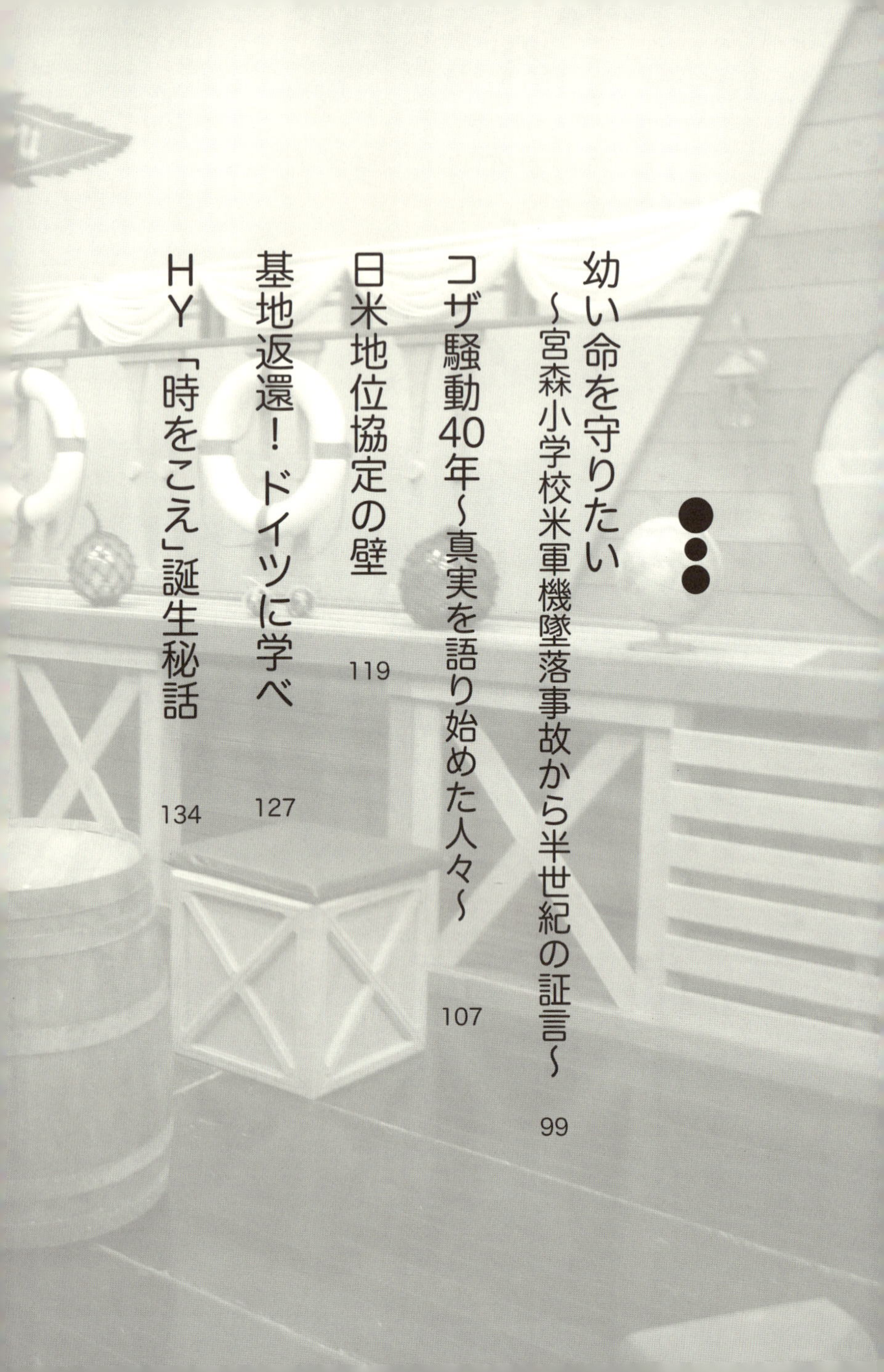

●しーぶんのコーナーだよ！

信ちゃんの
ニュー沖縄のおもしろ看板★スター

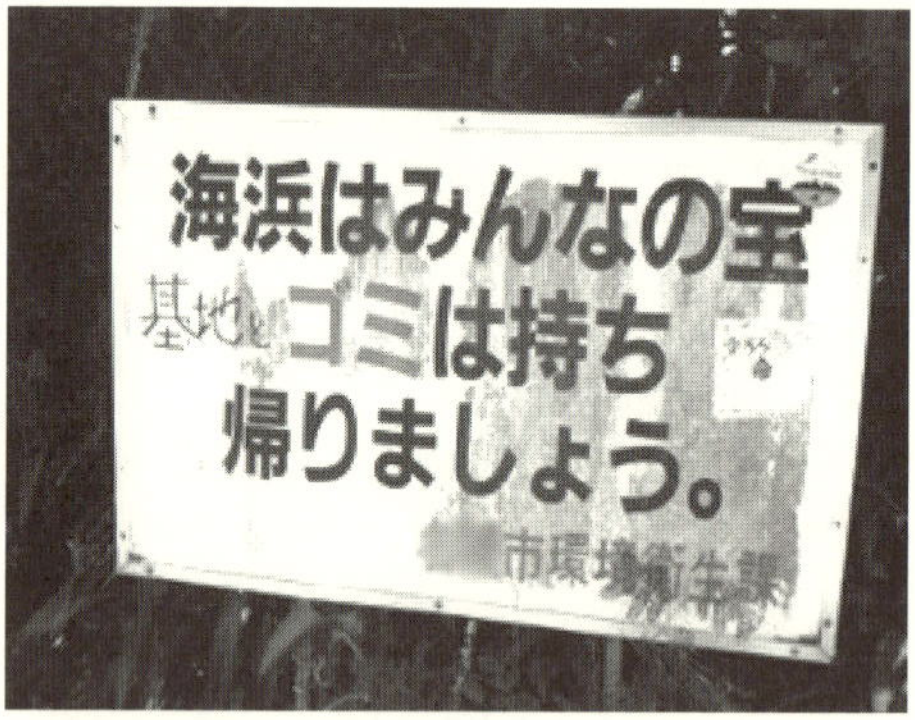

すごいインパクトです。《基地とゴミは持ち帰りましょう。》
環境に配慮してマイバックに持ち帰りお願いしたいです。
どこに持ち帰るかが問題だねー。

読む きんくる！

ウチナーンチュも知らない
《沖縄》を伝える

＊2007年4月に始まった「きんくる」、放送は5年を超え2012年5月までで121回を数えています。基地問題や沖縄戦など古くて新しいトピックや、スポーツ・芸能・社会経済の最新の動きなどなど扱うテーマは様々。今回は最近放送された中から、16本を選りすぐり、番組を元に再構成しました。情報や肩書きは放送当時のものです。

＊番組ブログ
http://www.nhk.or.jp/kinkuru-blog/

エイサーがつなぐ沖縄の思い

沖縄の夏といえば、エイサーだよね。

もともとは、旧暦のお盆の時に村々で行われてきた踊りで、今では青年会の重要行事だし、練習を通じて結ばれた夫婦って実は多いんですよね。深夜料金じゃないですけど、男の人は3割増しくらいかっこうよく見えます。

県内各地で個性あふれる踊りが披露されて、今や沖縄を代表する民俗芸能になったそのエイサーが、ウチナーンチュが関わる様々な交流の場で大活躍しているって知ってましたか?

エイサーを通じて世界に広がる沖縄の思いと、福島県に向けた鎮魂の思いに迫りました。

（写真は国際通りでの「一万人のエイサー踊り隊」）

●アルゼンチンからやってきた諸喜田さん

世界のウチナーンチュ
エイサーに挑戦
アルゼンチンの自宅にて

海を越えるエイサーの心

２０１１年8月7日、国際通りで開かれた「1万人のエイサー踊り隊」には、県内各地から30の団体が集まり、自慢のエイサーを披露しましたが、その中に、かつて海外に移住したウチナーンチュの2世や3世たち総勢24人の子ども達の一団が参加していました。

実はこの子どもたちは、県の交流事業で、事前に一週間合宿を行なっていたんです。目的は、エイサーを通して、ウチナーンチュの文化や心を体感してもらうこと。参加者は14歳から18歳まで、10ヶ国から集まりました。そのなかのひとりアルゼンチンから来た諸喜田《しょきた》ステファニアひかりさん（17）は、エイサー初体験ですが、小さい頃から、沖縄といえばエイサーというイメージを持っていたんだそうです。

「祖父母がいつもエイサーのことを話してくれていまし

●エイサーの練習をする諸喜田さん

た。沖縄独特のモノなんだよと教えてくれ、2世の友達がやっているのも大好きでよく見ていました」

ひかりさんの祖父母は、50年前、アルゼンチンへ移住し、クリーニング店を営んできました。3世にあたるひかりさんは、祖父母の故郷・沖縄の事がもっと知りたいと日本語学校にも通ってきましたが、今回、エイサーを通してひかりさんたちが特に学んだのは、「互いが助け合う心の大切さ」だったそうです。

先生を務めた琉球國祭り太鼓の國吉俊宏さんは次のように励ましていました。

「疲れている人がいるなと思ったら、見つけた人が大きな声で、フェーシ＝囃子言葉を出して、盛り上げて下さい。皆で心をひとつにし、楽しい気持ちでやることを絶対に忘れないように。気持ちをひとつにしてエイサーを踊ることで友達が増えていきます」

●国際通りでエイサーを披露する

練習は毎日4時間以上、1週間続けられましたが、最終日になると互いに自然と振り付けを教え合うようになっていました。ひかりさんは、激しい練習で、太鼓を持つ指にはまめが出来ていました。でも友達の演技をみて必死についていきます。動きが覚えられない時には、フェーシで、仲間を盛り上げようとしていました。

大会当日、多くの観客を前にエイサーを初めて踊った諸喜田さんたちは、自分のルーツそして皆で作り上げることのすばらしさを体感できて、とても満足そうな顔を見せていました。

「練習の事を思い出しながら踊りました。みんなと一緒にエイサーが出来て良かったです。アルゼンチンに帰ってもまたやりたいと思います」

届け、エイサーの故郷福島へ

沖縄のエイサーの起源には色々な説があるのですが、そのひとつが、今の福島県いわき市出身の僧侶・袋中上人《たいちゅうしょうにん》が、およそ400年前、沖縄に伝えたという説です。袋中上人はこのとき、死者を弔うための念仏、いわゆる「ナムアミダブツ」を伝えたのですが、この念仏に、その後踊りが加わり、現在に伝わるエイサーになったというのです。実際、いわき市には今も盆や彼岸に踊られる「じゃんがら念仏踊り」がありますが、沖縄のエイサーによく似ています。いわき市は、〝エイサーの故郷〟かもしれません。

この福島県いわき市は、2011年3月の東日本大震災で大きな被害を受けたのですが、その前から沖縄とはエイサーを通じた交流が行われていました。

震災直前、いわき市で町おこしをするメンバーが訪れたの

●いわきで沖縄のエイサーを紹介した人たち

は、沖縄市久保田地区。エイサーを通じて交流していきたいという熱い思いが伝えられました。

その後、いわき市では、エイサーを紹介するイベントが始まり、沖縄から踊りを披露しにいく事も計画されていました。

「ちょうど2月に来た時には、3月にいわきで祭りをしたいということだったんですけど、地震で祭りが中止になってしまったから、気になり続けてきました。どうしてるのかな、避難しているのかなって。やっぱりショックですよね」

そう語る自治会長の新城精二さんは、旧盆に各家々を廻る「島まーい」を目前にした練習で、今年は特別な思いを持って踊るようにと、メンバーに話しかけました。

「福島などで被災した人たちが、苦しい状況の中から、是非立ち上がってほしい、困っている時こそ助けていきたい、そういう思いも心の中に入れて踊って下さい」

●自治会長・新城さん

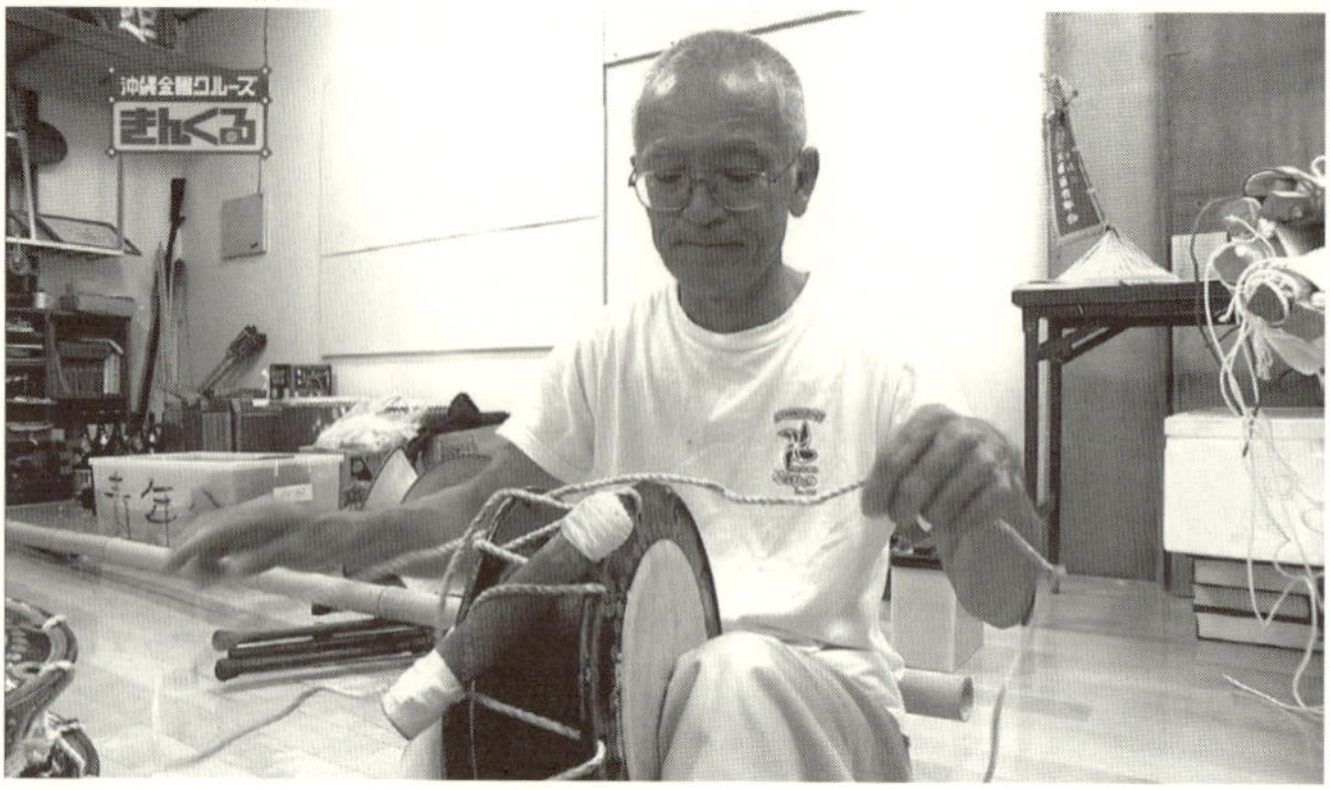

いわき市のメンバーの中には、津波で家を流されたり、親戚を失った人もいました。震災から立ち上がろうとする今こそ、沖縄戦の死者を弔い復興への支えともなったエイサーの原点を見つめ直してほしいと感じていたのです。

当日。今年は例年決まって廻る家だけでなく、最近亡くなった人の家も訪れることにしました。そして仏壇に手を合わせ、死者への祈りを込めて踊りました。

新城さんは涙ながらに

「苦しい所から皆で幸せに向かって立ち向かっていくと祈れました、ここ何十年やってきたエイサーの中で一番良かったように見えました」

と語っていました。

その後、久保田青年会のメンバーは、被災者を勇気づけるため、福島県いわき市エイサーを披露しに向かいました。3日間7か所で踊ったほか、「じゃんがら念仏踊り」のメンバーとも交流、ともに復興を願いました。

●基地内で奉納する千原エイサー

嘉手納町千原のエイサーは、勇壮な踊りで戦前から有名でかつての集落は今は米軍基地の中。多和田眞徳さん（73）たちは今も毎年旧盆には基地内に入り、エイサーを踊ることこそが故郷がそこにあった証であるという気持ちから、当時の拝所でエイサーを奉納しています。

【ゲスト 大城盛裕さん（沖縄県立芸術大学附属研究所共同研究員）のお話】

もともとエイサーは念仏で、亡くなった先祖を供養するもの。例えば男性だけで踊られる嘉手納町千原《せんばる》のエイサーは、空手の型などを取り入れたとても特徴的なものなのですが、「ナムアムナンブチ～」と歌うくだりもあって、念仏の流れを残しています。沖縄戦の後、各地の青年会を中心に復興を頑張られて、１９５６年に沖縄市でエイサーコンクールが始まってから、衣装や音楽、隊形に工夫を重ね、今のような人気が出てきました。

（２０１１年９月９日放送　ディレクター野田淳平）

ウンガミとアンガマ

沖縄各地に伝わる祭りは、どれも個性的です。
そのなかでも異彩を放つ祭りがあります。

腰まで海に浸かった女性たちが、豊作と豊漁を祈る大宜味《おおぎみ》村塩屋《しおや》の〝ウンガミ〟。

そして旧盆の先祖供養を笑いの中で行う石垣島の〝アンガマ〟。

時を超えて受け継がれてきた沖縄の夏の祭りの舞台裏って、興味津々！

（写真は大宜味村塩屋のウンガミ）

●大宜味村塩屋湾をのぞむ

大宜味のウンガミ

大宜味村、塩屋は人口600人、海と山に囲まれた自然豊かな小さな集落です。祭りに向け準備が始まったのは、本番ひと月前の七月末。集落の中心にある御願所で、女性たちが祭りを無事に迎えられるよう祈っていました。

そのひとり、宮城道子さんは83歳、祭りに参加する中では最高齢です。21歳の時から60年間参加してきたウンガミは、一年で最も大切な行事と言います。

「皆が心をひとつにして、盛り上がって、島の繁盛を祝います。数百年前からずっと伝わってきたことですからね、一年に一回海に入れるという嬉しさと、また来年も入りたいなという気持ちをもつことができます」

そもそもウンガミとは、旧盆の前後に、海の彼方にある異

●歌を宮城さんから教わる仲村さん

郷（ニライカナイ）から神を迎え豊穣を祈願する祭りです。

その日は祭りの最後に披露される女性だけの歌や総踊《すうどう》りの練習が行われていました。かつて塩作りが盛んに行われた塩屋で、働く人たちを慰労するためのものでしたが、今はウンガミの翌日、新たな年を迎えた喜びを表すものとして、踊られます。

伴奏は太鼓で拍子を取るだけで、楽譜などはありません。宮城さんは、先輩のオバアから口伝えですべて教えてもらってきましたが、今度はさらに次の代に引き継ごうとしています。その相手が仲村和子さん、64歳。仲村さんは練習の時、手書きのノートをいつも持ち歩いています。歌い方や太鼓を打つポイントなどを細かく書き留め、ひとつひとつ覚えていました。

いよいよやって来た祭りの日。

ヌル（祝女）と呼ばれるカミンチュ（神人）を中心に、儀式

●クムーでの儀式

が始まります。藁で編んだ日よけ（クモの巣に似ていることから〝クムー〟と呼ばれます）を張り巡らした神聖な空間で、カミンチュたちは弓を斜めに上げ下げしながら太い柱を回ります。イノシシなど、山の幸を獲る仕草とも考えられています。

この儀式が終わる頃、宮城さんたち塩屋の女性は、藁の鉢巻、帯をしめ、浜へと向かいます。腰まで海に浸かり、手招きする仕草をすることで、ニライカナイからやってくる神様を迎え入れます。最近では、「御願《うぐわん》バーリー」の応援合戦に様相が変わっています。

御願バーリーが終わる頃、儀式を終えたカミンチュたちが浜にやってきます。海に入っている人たちは皆、儀式が無事終わったことに対し、感謝を込めて拝みます。

ウンガミの翌日の総踊りは、女性たちが3時間もの間、舞い続ける珍しい儀式です。宮城さんから歌を教えられてきた仲村さんは、ひとつの間違えもなく歌い切りました。

「次は自分たちがやらなければいけないという自覚を

●ウンガミの総踊り

ずっと持っていて、子どもたちにも次はあんたたちがこれするんだよと、私たちもまた言っているんです」

アンガマ

八重山の旧盆に行われるアンガマ。あの世から来た先祖の神、ウシュマイ（おじいさん）とンミー（おばあさん）が、子どもたちを引き連れ、家々の子孫繁栄を祝福し、先祖を供養するお祭りです。

旧暦の7月13日から15日、先祖の霊を供養する盆。13日に祖先の霊をお迎え（ウンケー）し、15日にお送り（ウークイ）します。八重山では、お盆のことをソーロンと呼んでいます。

アンガマで登場するウシュマイとンミーは、そんな真面目な盆行事を、とにかく笑いの渦に巻き込みます。

練習は本番の3週間前から始まっていました。石垣島の登野城《とのしろ》青年会では20代の若者を中心に受け継がれていて、毎

●ウシュウマイとソミー

日、3時間以上先輩が後輩たちに祭りの習わしを教えていました。

今年、青年会に入ってきた〝新人〟、市役所の農業委員会に務めている宮良長亜さん(21)と、村づくり課に務める金城啓介さん(25)は、2人とも、小さい頃に見たアンガマをやりたいと練習に参加しました。

最初に習うのは踊りです。先生と先輩が目の前でみせてくれた手本をもとに、夜遅くまで練習を重ね、動きを覚えていきます。

「まずは曲を覚えろって言われました。曲を覚えたら今度は足の動きに進みます。そして手。でも手と足がバラバラですし、リズムにもなかなかうまく乗れません。」

(金城さん)

5年ほど経験を積むと、面をかぶり、即興で問答を繰り広げる主役を担うようになります。今回、面をかぶる中で最も

●青年会の練習

若い黒島弘義さんは26歳。会話を面白くするために、一番難しいのは方言で話すことだといいます。黒島さんが方言を覚えるためにもっとも頼りにしているのが、青年会一番の実力者、宮城徹仁さん（29）です。宮城さんは、先輩が作ってくれた八重山の方言集を大切に持っていますが、そこにはアンガマの問答に出てきそうな方言が綴られていて、困った時に頼りになるといいます。

「方言がなくなったらアンガマはないと思うんですよ。絶対成り立たない、面白くないと思います。自分たちが歳をとって70、80、90になった時も、同じ状態で方言をしゃべっている後輩たちを見たいと思います。今の先輩方もそう思っていると思います」

アンガマの本番当日。参加する青年会のメンバーは浴衣に着替えた後、ほおかむりをして顔が分からないようにします。踊り手はあの世から来た子どもたちとされているため、

●ウシュマイとンミーの問答

顔を隠すのです。仮面の一団は旧盆の3日間、家々を廻ります。踊り手の子どもたちは息の合った演舞で、お客さんを沸かせます。今年初めてアンガマに参加して、夜遅くまで猛練習を重ねてきた宮良さんと金城さんは、3週間前は手足の動きがバラバラでしたが、この日はリズムにのって、踊ることが出来ました。

青年会が旧盆の行事に参加しながら、祖先の作り出した文化を伝承していく姿は素晴らしいものでした。

【ゲスト 波照間栄吉さん（沖縄県立芸術大学教授）のお話】

祭りで先輩から後輩に伝えるのは、言葉や音楽だけではありません。一番大事なことは「心を伝える」こと、だから口伝えに意味があるのだと思います。沖縄の人は、祖先が作り出した文化に深い興味を持っていますが、そのアイデンティティを教えてくれるのが、地域の祭りであり、その中に息づいている文化です。その伝統を温ねることで、これからの暮らしの力・糧

●屋敷内で披露されるアンガマ

にする「温故知新」、そして私たちは地域の人たちや神様と一緒に「共生」しているということを改めて実感する、祭りはそんな機会になっているのです。

（2011年9月30日放送　ディレクター藤原廣進）

あなたの知らない那覇大綱挽

那覇大綱挽って、世界一だって知ってた？ 凄いねー。１９９５年９月６日〝米藁で製作された世界一の綱〟としてギネスに認定登録された那覇大綱挽の綱は、全長１８６メートル、総重量40トン２２０キロという大きさ。でーじだね。挽き手の数は、その時で実に１万５０００人、お祭りに参加した人員はというと、27万５０００人。現在もその盛り上がりは大変なもので、那覇大綱挽は、まさに沖縄が世界に誇る一大行事だよね。

僕も村の綱引きとかの行事に関わったことがあるけどさ、準備が大変なんだよねー。世界一の綱引きも、実は知られていない裏側がいろいろあるみたいだ。

（２００９年10月11日に開かれた大綱挽）

●大綱をクレーンで持ち上げる

まるで龍のよう！　徹夜で行われる準備

大綱挽の準備は、前日の夜から始まります。深夜零時すぎ、まず最初に行われるのは、綱挽会場となる、沖縄一の幹線道路、国道58号線の中央分離帯の取り外しです。ビジネス街である久茂地の交差点を中心に、北は繁華街の松山から南は泉崎まで、長さおよそ1メートル、重さ630キロの分離帯のブロックを、ひとつずつ外していきます。

外したところに鉄板を敷き詰め平らにした後、午前4時、8台の巨大なクレーン車、そしてこの日の為に、荷台を改造したトレーラーに運ばれて、いよいよ大綱がやってきます。

クレーンを使って下ろす時の綱は、まるで琉球のシンボルである龍のようです。全ての綱を下ろす頃には、あたりはすっかり明るくなっていました。

●平良那覇市長と比嘉さん（右）

大綱復活にかけた那覇の男

那覇大綱挽は、４００年前から行われているとも言われている伝統の祭です。古くは雨乞いのために地域の人たちが始めた行事とされ、琉球王朝時代は国王慶事や親善使節の歓待の際に、那覇四町《なはゆまち》（西・東・若狭・泉崎）を二分して行われました。

しかし、沖縄戦によって20年以上、途絶えていました。復活したのは１９７１年（昭和46）のこと。この年は那覇市制50周年にあたることから、当時の平良良松市長が「古式豊かな大綱挽を復活させたい」と考えたのがきっかけとされています（那覇大綱挽保存会『那覇大綱挽』より）。

様々な人が復活に情熱を傾けましたが、中心になったひとりが、空手家、比嘉佑直《ゆうちょく》さんです（１９１０〜９４）。佑直さんは、生まれも育ちも那覇で、戦前は大綱挽の旗持ちとして名を馳せていました。戦後祭りが途絶えていた時は、いつも大綱挽

●旗頭を持つ

の話ばかりしてたそうです。

「普段から、自分が旗持ちであったことの誇りと、大綱挽の素晴らしさを、まるで自分の自慢話のように話して下さっていました」

（甥の比嘉稔さん）

大綱挽復活の機運が盛り上がると、佑直さんは、実行委員会の理事長となりました。

最大の課題は、大綱挽をどこで行うか、です。

国際通りや那覇市役所の前など、戦後復興した那覇市としてふさわしい様々な場所が候補に挙がりました。結局、綱挽に適している、まっすぐで広い「1号線」が一番良いとの結論に達しました。「1号線」とは、今の国道58号のことです。

当時はアメリカ統治下で、1号線は、アメリカ軍の軍用道路でしたので、易々と許可が下りるわけはありませんでした。

綱挽の復活に意気込む佑直さんは、直接、米国民政府へ乗

●比嘉さんについて語る妻・幸子さん

り込み、「1号線を一時的に封鎖したい」と談判します。しかし応対したシモンズ公安部長は「1時間に1700台もの車が通る幹線道路を封鎖させるわけにはいかない」と、即座に断りました。しかし佑直さんは、あきらめませんでした。

「大綱挽を戦後復興の象徴にしたい」という自らの思いを、アメリカ側にぶつけたのです。戦争で焼け野原となり、ゼロから町を復興した那覇の人々にとって、大綱挽の復活は、悲願でした。

「那覇がアメリカ軍により空襲を受けた10月10日に大綱挽を行い、沖縄とアメリカの友好につなげたい」と説得した佑直さんの熱意によって、米国民政府から1号線の使用許可がようやく下りました。

妻の幸子さんは当時の佑直さんについて、こんな思い出を話してくれました。

「最初は、やっぱりよく寝付かれないようで大変でした。身体が持ちませんので、卵酒を作って飲ませて無理にで

●そろいのTシャツの外国人ボランティア

も寝かす様にしていました。綱挽で、もしも怪我人が出たらとか、お金の心配やら……でも綱挽が大好きでしたからね。まさに男の中の男でしたからね」

アメリカ兵もたくさん参加

綱を挽く人たちの中には、アメリカ兵やその家族も大勢います。その中で一際目立ったのが、「那覇大綱挽ボランティア」というおそろいのTシャツを着た人たち。

実は数年前から、大綱挽に参加する外国人が急速に増えています。しかし綱を挽くタイミングが分からなかったり、挽く前に小さな綱を切って持って帰ってしまったりと、トラブルが増えていました。そこで、3年前から、外国人に対して、綱挽のマナーを教えるボランティアを募ることになったのです。

活動の先頭に立っている在沖米国商工会議所のマイク・

ホーランドさんは、その想いをこう語ってくれました。

「アメリカ人は子供の頃、スポーツとして綱引をやったことがあるのですが、あんなに大きいのは見たこともありません。(綱は) お守りやお土産にもなるので、大好きなのです。(私たちは) みんなでマナー良く参加したい、地元の人と外国人の間のギャップを埋める役割、架け橋になりたいんです」

独特の衣装「むむぬちはんたー」

那覇大綱挽の華、旗頭を持つ男たちの着ている衣装は、那覇大綱挽独特の衣装です。「股引半套・むむぬちはんたー」と呼ばれるもので、元々は、久米の人が身につけていた中国服でしたが、大正時代の綱挽から本格的に着用されるようになり、戦後復活の際、正装となりました。

「むむぬちはんたー」は、現在牧志公設市場近くの小さなお店で作られています。年間200着以上を縫い上げるという立津祐子さんは、布の裁断からひとつひとつ手作業で行うのがこだわりで、大綱挽の1ヶ月前から、休みはないそうです。

「自分たちの縫い上げた衣装で那覇一番の行事が行われるという事をとても誇りに思います。作る時も楽しいですが、お客さんが着て喜んだ顔を見るのがとっても嬉しい。眠って

●むむぬちはんたーを仕上げる

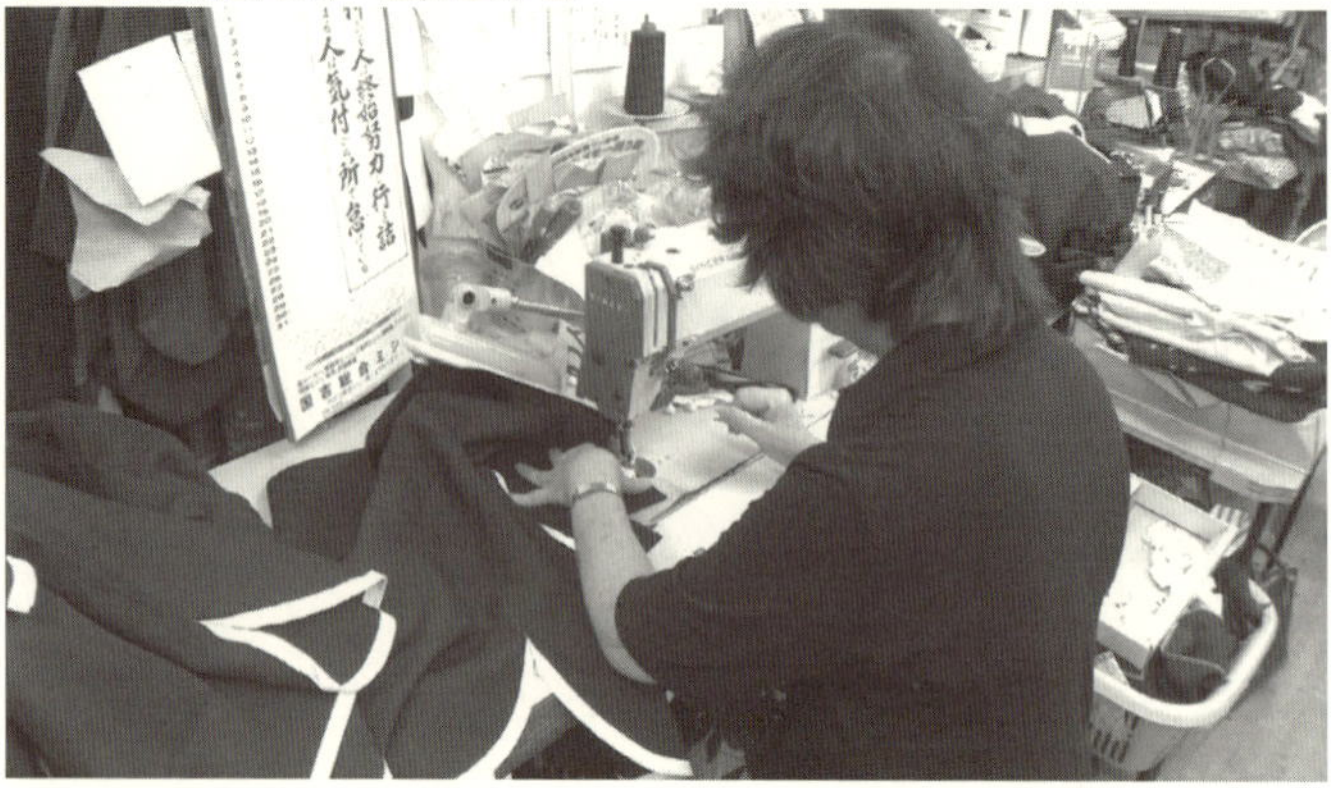

おっても夢みるくらいです」

大綱挽が始まる前の各地区勢揃いの旗頭道ずねー（道行列）は国際通りで行われ、むむぬちはんたーできりりと決めた男達の見せ場です。最近の旗持ちには女性の姿もちらりほらり見かけます。

その国際通りには、練り歩く旗頭を見ようという立津さんの姿がありました。那覇の男たちの勇ましい姿は、まちぐゎーの女性たちが支えていたのです。

（２００９年10月16日放送　ディレクター豊田研吾）

那覇まちまーい

最近、那覇の普通の住宅街などを、ぶーらさっさい（ぶらぶら）歩いているグループを見かけませんか？

それって、2010年12月から那覇市で始めた観光ツアー「那覇まちまーい」なんだそう。要するに「街歩き」、散歩みたいなもんだけど、なんか楽しそうなんだよね。

本土から何度も沖縄を訪れたことのある通な観光客や、地元の歴史好きなウチナーンチュに人気急上昇中の「街歩き」に、きんくるスタッフがおじゃましました。

（写真は、天妃宮の門跡）

●象棋（チュンジー）をする久米村の子孫の方々

那覇の琉球チャイナ・久米村を歩く

首里城に象徴される琉球王国の歴史から国際通りに代表される戦後・アメリカ世の文化まで、ぎっしり詰まっているのが那覇の町。それを地域ごとにテーマを持ってじっくり味わって歩くのが、「那覇まちまーい」です。

数ある那覇のまちまーいで、特に人気なのが、かつて中国から渡ってきた人たちが、那覇に作った居住地といれる久米村ゆかりの場所を回る「風水のムラ 久米村（クニンダ）で琉球チャイナを見る」というコースです。

琉球王国時代に風水にのっとって町が作られた久米村は、戦前まで那覇の中核として栄えていました。

まちまーいでは、中国からの使節団が宿泊した「天使館」の跡や、中国の女神を祀った「天妃宮」の門跡など、中国ゆかりの文化と歴史をたどります。

●首里金城町の大アカギ

この日は、先祖は中国人という人たちが、中国将棋を琉球で独自に発展させた「象棋（チュンジー）」という伝統将棋を今も楽しんでいる集まりに参加することができました。ツアーの参加者には指し方も丁寧に教えてくれます。本土から参加した人は次のように話していました。

「今までは、首里城みたいな観光地ばかりを回っていたんですけど、こういう普通の町の中にもこんなに歴史があるということを初めて知りました」

パワースポット満載・首里コース

全国的な観光地・首里も、まちまーいにかかれば大変身します。沖縄のお寺を巡るコースがあり、干支ごとに定められた本尊を訪ね願いごとをします。家族の干支にあたる寺を廻り祈願する風習は「首里十二か所巡り」といわれ、琉球王国の時代にブームになったといわれています。現在でも、御願

●那覇・公設市場界隈

のコースとして行われています。

別のコースで回る、樹齢300年のアカギの巨木には、年に一度、神が降り立ち、願いを聞いてくれるという言い伝えがあり、パワースポットでリフレッシュしたいという人たちの間で人気が高まっています。

那覇の穴場は魅力的

那覇市観光協会の観光案内所マネージャー千住直広さんは、まちまーいのねらいを教えてくれました。

「最近沖縄観光はレンタカーを使うのが主流になっていて、那覇を素通りして、美ら海水族館や南部の戦跡巡りに行ってしまう人が増えているんです。一方で、今や沖縄に来る人の8割近くが2回目以降のリピーターで、こういう人たちは、沖縄や那覇の知られざるスポットを探しています。そんな人たちに町を歩く魅力を味わって欲

しいというのが一番の狙いなんです」

那覇のいわば〝穴場〟を巡るまちまーいには、最近、意外な人も参加し始めています。那覇市内のホテルで働く小禄祥子さんは、宿泊客から「どこか面白い場所はないですか」と聞かれることが増えてきたことから、時間を見つけては、まちまーいに参加して、ガイドブックに載っていない情報を取り入れるようになりました。

牧志の市場巡りのコースに参加しましたが、実は近くで働きながらも、じっくり歩いたことはありませんでした。

「わき道に入れば、昔からの生活の匂いが漂うすーじぐゎー（筋道・小径）があることを改めて発見できました。自分で体験したことなので、ちょっとその筋道に入ってみたらどうでしょうかなどと、具体的に提案もできます。お客様にとって楽しい那覇、違う那覇の雰囲気を味わって欲しいです」

（小禄祥子さん）

●「まちまーい」でガイドの説明を聞く本部さんたち

小禄散策コース

まちまーいは観光客だけでなく、ウチナーンチュにも人気急上昇中。コースをすでにほとんど制覇したという人も出てきました。那覇で生まれ育った本部十九郎さんは2009年、勤めていた会社を退職し、時間ができたため、頻繁に参加していると言います。

この日、本部さんが参加したコースは「小禄（ウルク）に残る古道を歩く」。住宅地の奥に隠れた御嶽や石畳を巡ります。

本部さんは、戦争で壊滅し古い史跡は残っていないと思っていましたが、自然のままの石を積み上げた石垣を見つけました。古くから残る石畳や御嶽など、戦火と戦後の開発をまぬがれ地域の人たちが今も大切に守っている地元・那覇、その魅力を再発見したという本部さんは、全てのコースを歩く

●小禄に残る野面積みの石垣

ことを目指しています。

「まちまーいで那覇を歩くと、私の故郷はこうだったのかとか、あるいは戦争の時はこうだったんだろうなとか、戦争が終わってどういう風に変わってきたんだろうかとか、非常に深く考えることになりましたね」

ウチナーンチュでも那覇の街は知らないことだらけ。ゆっくり歩いて宝を見つけるなんて本当に贅沢。観光客にいい所を見せるためにも、まず地元の人が自分の街の宝を見つけて、子供や孫に伝える。これが本当の観光なんですね。

2012年4月現在、まちまーいのコースは全部で22、それぞれ1～3時間でガイドさんが付いてくれて、料金は1人1000円と格安です。

【ゲストゆたかはじめさん（エッセイスト）のお話】

私も小禄のコースに参加しましたが、野面積みという石垣が

残っていて、戦争を経てこんな古いものが残っているかとびっくりしました。
那覇は実は、日本・中国・台湾・東南アジア・南北アメリカなど、さまざまな文化がごちゃ混ぜになったテーマパークのような面白みがあります。モノレールが首里の宮殿に向かって走っていくのもディズニーランドそっくり。それぞれの場所をガイドさんが丁寧に紹介してくれるのは素晴らしい取り組みだと思います。
車に乗っていたのでは何も見えません。ゆっくり歩くからこそ、見えない宝が見えてきます。そのために那覇の街は手頃な大きさですが、他にもコザや糸満などいろんな所でできるのではないでしょうか。

（2011年4月22日放送　ディレクター森本真紀子）

沖縄に押し寄せる中国人観光客

最近、街で中国語を耳にすること多いよね。僕も、国際通りや首里城などの観光地を歩いていたら、中国人たちだなーっていう人たちとよくすれ違うけれど、最近は新都心のショッピングセンターでも、両手にいっぱい買い物袋を抱えた中国からの観光客をよく目にする。

みんな、沖縄のどういうところに関心があるのかな。沖縄に来る目的はいったい何だろう。そしてどんなところに観光に行くんだろう。きんくるスタッフ、その旅行にちょっとついていってみました。

（写真は大型クルーズ船から那覇に降り立った中国人観光客たち）

数次ビザに熱い注目

毎週木曜日と日曜日、北京から沖縄まで3時間かけ、飛行機が到着します。定期便の運航が始まったのは2011年の9月、中国から沖縄を訪れる観光客は、同月比で去年の2倍近くに増えています。

こうした定期直行便に加えて、中国からの渡航者が増えている背景にあるのが、7月から始まった「数次ビザ」の発行です。中国から日本を訪れるにはビザ（入国許可申請証）が必要ですが、このビザを取ると、最初の渡航の際に沖縄を訪問すれば、その後3年間は、何度でも日本に入国できるというもの。来日の度にビザを取る手間を無くし旅行をしやすくすることで、沖縄の観光振興を図ろうというものです。目覚ましい経済成長にともない旅行ブームが訪れている中国。その勢いを取り込み、沖縄の経済発展に結びつけようと外務省が導入したものです。

沖縄観光の可能性を広げるかもしれない「数次ビザ」には、沖縄観光業界からも熱い期待がかかっています。

さて中国から沖縄にやってくる観光客を大きくわけると、個人客とツアー客、そしてビジネス目的、3つのパターンになるようです。それぞれの場合を見てみましょう。

●宜野湾市トロピカルビーチにて

個人の旅行客～リッチな夫婦の沖縄旅行

那覇空港に降り立った、初めて日本を訪れたという若い夫婦、夫の謝新さんは、北京で働く金融マン。妻の張芳妮さんは通訳です。ヨーロッパやアメリカを旅してきた、中国のいわば「ニューリッチ」です。

沖縄ではとにかくリラックスしたいと、向かったのは北谷のビーチでした。本当はレンタカーでドライブしたかったのですが、中国は国際免許の制度に加盟しておらず、日本では運転できないため、タクシーを借り切りました。

およそ30分かけて到着した北谷の青い海に、ふたりは大はしゃぎ、大都会北京の喧騒と正反対のリゾートを求める気持ちは、本土からの観光客と変わりありませんでした。

「こんな美しい海は中国にはありません。北京の忙しい生活から解放されて癒されます」

ふたりは、ちょっと変わった所にも足を伸ばしました。沖縄の地元の普通のスーパーマーケットです。ここでふたりが買ったのは、ペットボトルにおにぎり。とにかく包装がかわいいものを、と沢山買い込んでいました。

「北京では〝かわいい〟という日本語が大流行です。日本の製品はみんな可愛くて、買って帰って友達を驚かせたいのです」（謝さん）

ふたりは、3泊4日、沖縄を満喫して北京に帰っていきました。（張さん）

団体客の場合

次に私たちが密着したのは、中国からの団体客。それも、ただのツアーではありません、沖縄滞在わずか9時間という弾丸ツアーです。

那覇港に到着した5万トンの豪華客船には、上海からの1300人の観光客が乗っていました。バス30台に分乗し、まず向かったのは、世界遺産の識名園。庭園には、中国の様式も取り入れられ、冊封使も訪れた、中国とは縁の深い場所です。当日はあいにくの雨でしたが、楽し

●大急ぎで観光地をまわる中国人親子

そうに写真を撮りあう親子がいました。上海の建設会社に勤める盧烜珍さんは、公務員の夫に留守番をお願いして、11歳のひとり息子と初めて日本を訪れました。

「沖縄は米軍基地のイメージしかありませんでしたが、日本の伝統的な物にも触れたいです」

しかし識名園に滞在したのは、わずか20分。予定の半分の時間で切り上げてしまいました。その後、昼食をはさんで訪れた首里城や平和祈念公園も、急ぎ足で見学していきます。

盧さんたちが急ぐ理由は、弾丸ツアーの最後に予定されているショッピングにできるだけ多く時間を取れるようにするためでした。

午後5時過ぎに到着した南風原町のショッピングモールで、盧さんが真っ先に向かったのは化粧品コーナーでした。目当てはファンデーションと口紅。しかし店員に聞いても、まったく中国語が通じません。こうした事態に備え、ショッ

●化粧品売り場で買い物

ピングセンターには最近、中国語の通訳が配置されています。すぐにその通訳の方がやってきて、コミュニケーションはスムーズになりました。盧さんは、結局ここで5万円分の化粧品を購入しました。

さらに食品売り場でも、買いまくります。寿司が好きという息子のためには海苔、お菓子はお土産用に箱買いしようと、他のツアー客と奪い合いになるほどでした。

盧さんの買い物は、結局全て合わせて何と10万円を越えていました。

観光客目当てのビジネスマンも次々来沖！

中国人がこれだけ観光や買い物に訪れるのなら、その人たちが長期滞在できるようなリゾートを開発しようと、沖縄を訪れる中国人ビジネスマンも増えています。

本部町の、ビーチに面した10万坪の土地は、リゾート用地

●中国人投資家がビーチを視察

として売り出されましたが、この20年間、買い手がつかずにいました。この土地を購入したいと視察に訪れたのは、上海から来たふたりの若い投資家でした。貿易関連会社の社長、楊正欽さんと、日中間で電子部品の輸出入を行う商社を経営する印国磊さんのふたりです。ふたりの狙いは、ここにホテルやショッピングモールを建設して中国人の富裕層が訪れるリゾートとして開発することです。

「これほどの透明な海は、中国にはありません。水族館も近いし、高速道路からのアクセスも良い。しっかりとした施設を作れば、必ずもうかるでしょう。120億円くらいなら十分出す価値があると思います」

ふたりは次に、北谷町のビーチに立つ外国人用のマンションに向かいました。もとはアメリカの軍関係者が住むため十年前に作られましたが、ここ数年、基地内で暮らす人が増えたため、空き室が目立つようになりました。

洋風の広々とした作り、贅沢な設備、そして海を一望できる眺望。中国人の観光客が長期滞在する部屋として購入できないか、価格の交渉をさっそく始めていました。

こうした中国からの投資の動きを、地元はどう受け止めているのでしょうか。外国人住宅の管理・運営をしてきた、不動産会社の木下敬一郎さんは、中国人観光客に対し、空き部屋を貸し出すビジネスを本格化させています。

「好むと好まざるとに関わらず、中国さんとは仲良くお付き合いをしていかなければならないと思います。将来的には、地元地域と相談しながら、中国人投資家に一棟丸ごと売却できないかとも考えています」

中国マネーへの期待と課題……

沖縄に押し寄せる中国マネーに、県も大きな期待を寄せています。日本の人口や経済力が頭打ちになった今、中国からの投資は、沖縄の観光や産業の発展に不可欠と考えているのです。

中国からの投資などの動きにスピーディに対応するにはどうしたら良いか、部署を超えた議論が始まっています。県は、中国からの投資家を自ら視察に招き、中国企業に沖縄に進出してもらえるよう、働きかけを強めています。

●数次ビザ

中国からの観光客を多く受け入れている沖縄ツーリスト社長の東良和さんは、次のように可能性を語っています。

「沖縄はアジアに近い場所に位置しているわけで、私はこれほど恵まれた場所は日本に他にないと思います。外需を取り込まないと日本経済、沖縄経済は成り立たなくなって来ていると思いますが、観光もまさにその通りです」

課題もまだまだあるようです。〈銀聯カード〉という中国のクレジットカードが使える所が少ないと不満を訴える人が七割もいるという調査もあり、端末機の設置を県は推奨しています。

【ゲスト　上地恵龍さん（香港出身・琉球大学観光産業科学部教授・沖縄コンベンションビューロー副会長）のお話】

北京・上海からの直行便に乗ってくる人も都会に住んでいる

人ばかりではありません。内陸から来る人にとって、炊飯器などの高性能の電化製品を安く手に入れられるのは、魅力です。だから中国から沖縄へのパッケージツアーの半分の時間は買い物に充てられているんです。また日本の化粧品は、安心安全。あと中国人の慣習として、親戚一同におみやげを買っていくこともあり、消費額は平均して16万円と、本土から来る観光客も含めた全体の6万9千円を大きく上回っているんです（2010年旧正月に調べたデータ）。

沖縄に投資する中国人は、自らリゾートを経営するとは限りません。地元の人や日本の会社に運営してもらえば、地域の雇用を増やすなど、活性化にも資するメリットがあります。

（2011年11月4日放送　ディレクター笹山亮）

「江戸立」追体験！の旅

「江戸立《えどだち》」とは、琉球王国時代、琉球王府が徳川将軍へのあいさつのため使節を江戸へ送ったことを指します。琉球から江戸へ、船と陸路合わせて2000キロ、当時は1年もかけて往復していました。長年、江戸幕府が強制したものとして「江戸上り」と呼ばれてきましたが、最近では、琉球王国が国としての存在感を示すために取り組んだ一大事業だったことが研究を通じて分かってきました。

2009年3月、創立60年を迎えた琉球大学の学生31人と大学関係者などが「江戸立探検隊」と称して、当時の旅路を追体験したんです。12日間の旅で若者たちは何を見て、何を感じたのでしょうか。僕もついていきたかったなー。

（写真は復元された江戸立御船）

●桜島をのぞむ「江戸立探検隊」

薩摩での出会い

3月2日、那覇港からフェリーに乗りこんだ一行は、まず奄美経由で鹿児島を目指しました。25時間の長い道中、なぜ参加したのか聞いてみました。

「いろいろなところに行けて楽しそうだし」

「沖縄のことが好きという気持ちが物凄く強いので、もっと沖縄のことを知りたいと思ったんです」

大学4年生の大城信孝くんに、琉球を攻めた薩摩藩の印象について聞いてみると「侵略者というんでしょうか。やっぱり恨めしく思っていますよ」と、なかなか複雑な心境もかいま見れました。

翌朝、鹿児島港に着いた一行はまず薩摩藩主ゆかりの花尾神社を訪れました。神社には、琉球使節が奉納した額が数多

●花尾神社扁額

く残されています。江戸に向かう前、旅の無事を祈願した使節団が、その帰りに感謝の気持ちを込めて、こうした額を送りました。琉球が薩摩と活発に交流していた証を前に、学生たちはしきりに写真を撮っていました。

次に訪れた琉球人の墓で花を捧げようとした学生たちの前に、思わぬ人が現れました。

琉球王国に攻め入った薩摩藩主・島津家の第32代当主、島津修久《のぶひさ》さんです。

一行が訪れることを聞きつけ、是非話したいことがあると島津さんは駆けつけました。

「歴史的にはいろんなことがありました。鹿児島は沖縄や奄美の方々にきつい思いをさせたというのも事実です」と話した島津さん。実は、鹿児島と沖縄の関係を修復しようと、一緒にお茶を楽しむ『お茶会』を開いているのです。

「お茶を通じて仲良く交流を始めようということで始まったんです。皆さんもどうぞ参加して下さい。最初の

●沖縄からの学生に話す島津さん

うちは過去のことはお茶に流そうというのか、などと言われたこともありますが、そんな事ではなく、将来互いに親しくできたらと思うのです」

薩摩への複雑な心境を語っていた大城君は、この島津さんの語りかけに、鹿児島に対するイメージが変わったと感じました。

「薩摩側の方が実際にそういう歴史認識をしっかり持って頂いている。沖縄・奄美と交流して友好的にやっていこうというのが見えてとても嬉しく思います」

豪華な〝御座船〟

鹿児島で過去のいきさつを超えて交流しようという人と出会った学生たちは、バスと鉄道を使って九州を縦断し、瀬戸内海へ向かいました。

●資料を写真に撮る学生たち

当時の琉球使節は、鹿児島で薩摩藩の船に乗り換え、瀬戸内海を渡って旅を続けました。広島県福山では学生たちは、朱色と金色で彩られた豪華な船「御座船」（復元）に乗りこみました。御座船は、諸国の大名が参勤交代に赴く際、力を誇示するために、豪華な装飾をこらして作った船です。

琉球使節は、この、大名などのいわばＶＩＰにしか乗れない御座船に乗って、瀬戸内海を往来していたことに、学生たちは驚きを隠せない様子でした。

人気者で親しまれていた琉球一行

大学院で琉球史を専攻している前田舟子《しゅうこ》さんは、「琉球の文化とは何なのか」研究を続けながら、悩みももっていたと言います。

「日本の文化でもなく、中国文化ともまた違う、日本と中国の要素が混じり合った琉球の文化を誇っていいのか

●西見寺

な？　と。好きですけど、沖縄ってアピールするのにもちょっと迷いがあったり……」

　そんな前田さんが訪れた名古屋市にある瑞泉寺《ずいせんじ》。そこには、琉球使節で音楽を担当する楽師が寺に求められて書いた書が残されています。琉球使節には高い教養を持つ者が選ばれていて、彼らの手による書は道中の至るところで大きな人気を集めていました。

　前田さんにとって、琉球使節が文化人として、高い評価を得ていたのは大きな驚きでした。また静岡県浜松市にある西見寺《さいけんじ》の屋根瓦には、扇の紋が用いられていました。この「扇紋」は、旅の途中にお世話になった礼として、琉球使節が寺に送った扇が由来となっています。

「琉球使節は、中国風の衣装を身にまとって街中ずーっと行列して行ったんですから、それは人気者で親しまれたって言うことだと思います」

（西見寺の井上光典住職）

琉球文化の独自性に悩んでいた前田さんは、琉球使節が各地で、存在感を示していたことを実感していました。

「琉球完全なオリジナルっていうのが無いんでどうなのかなって思ってたんですけど、それはそれで、その良さを今感じています。中国と日本という大国に挟まれながらうまく付き合って、したたかに生きていた琉球人の姿が、その混ざった文化から見えてくるんじゃないかと思って、むしろ今はそれは誇りじゃないかなぁと思うようになりました」

今、琉球の誇りを胸に

12日目、ついに一行は、江戸城のあった東京・皇居に到着。道中、各地で県人会などとの交流会が開かれていましたが、東京では、当時使節が将軍に披露した宮廷音楽「御座楽」を復元した演奏会が学生の前で行われました。

最終目的地に到着した学生たちは長旅の疲れもどこへやら。とてもすがすがしい顔に見えま

●御座楽

した。最終日のミーティングで、学生たちは様々な意見を出していました。

「何百年も前の人と自分の関わりに実感は無かったのですが、この道中で勉強していくうちにすごい誇りに思ったし、前よりもっと御先祖様が身近に感じられるようになりました」

「昔の出来事が今に繋がっていると言うことを発見して感動しました」

「自分ってこんなに沖縄好きだったんだって思えました」

この体験をどう周りに伝えていくか、自分もどうするのかも考えなくてはいけないと語っていた学生たちの成長が印象的でした。

（2010年3月19日放送　ディレクター今井章人）

ウチナーグチが話せない!?

昔は方言ばかり使ってる生徒たちに怒った先生が「方言使《ちか》ティナランドォー」って方言で言ったという笑い話があるくらい、それほど染みついたもの。

ところが、2009年、ユネスコ・国連教育科学文化機関が、びっくりする発表をしたんです。「世界で危機に瀕する言語」の中に沖縄の言葉・ウチナーグチが含まれ、「このままだと、なくなってしまう危険な状態にある」と警告されたわけ。でーじ心配されているよ。

ウチナーグチを話せなかったり、聞き取れなかったりする沖縄人が、急速に増えている。

さぁー、どうする、チャースガ、ウチナーンチュ。

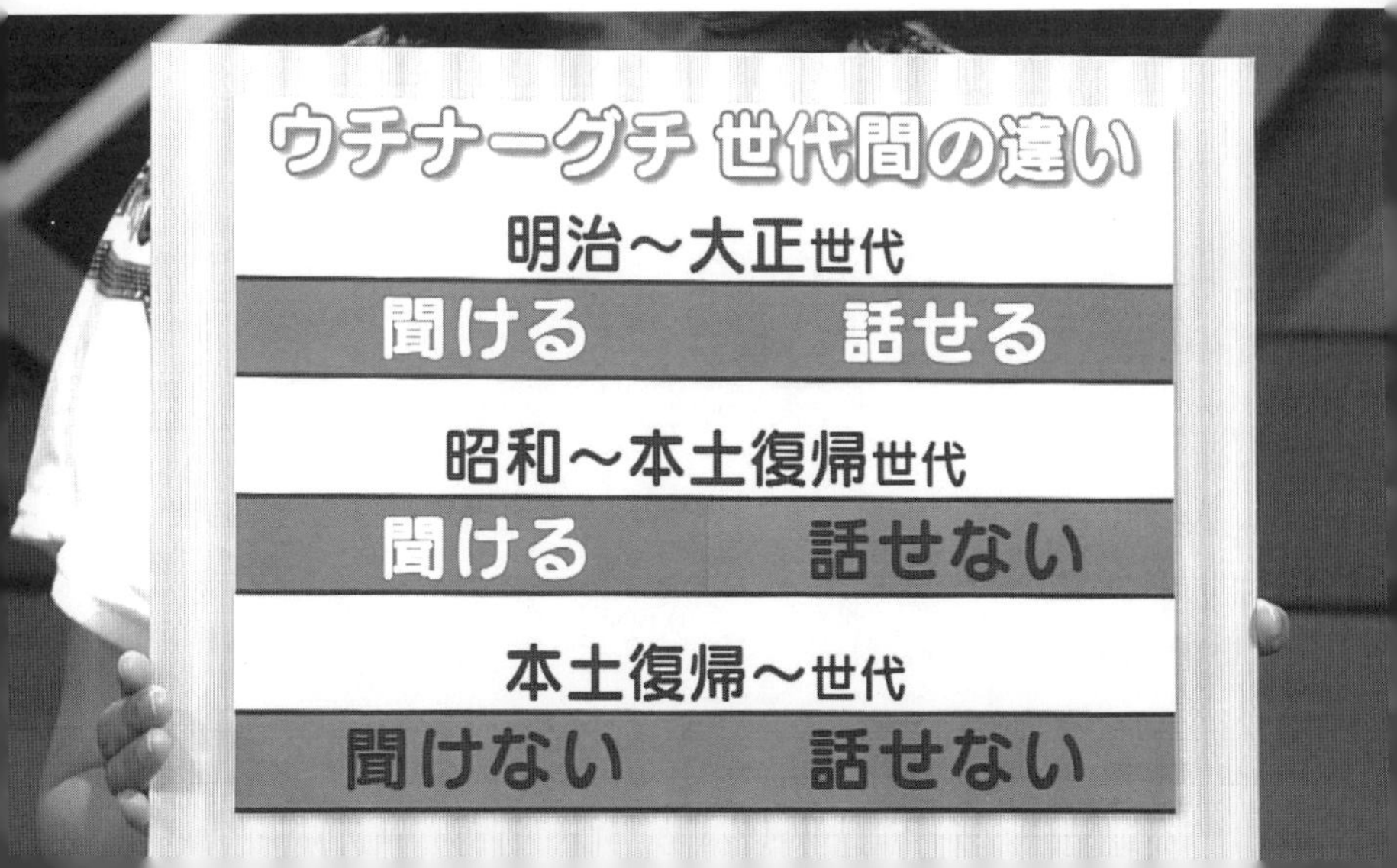

●ホームで仕事をしている米城さん

『モー ヤートゥ ハナシナランサー』（あなたとは話が出来ない）

思わぬ事態が起きているのが、介護の現場です。若い介護福祉士がお年寄りの言葉を理解できず、十分な対応が出来ないケースが出てきているのです。お年寄りたちが日常の会話で使うのは、ウチナーグチです。しかし、介護にあたる若い職員たちが、お年寄りの言葉を理解できず、コミュニケーションをとれないケースが、最近増えてきています。

西原町にある特別養護老人ホームで仕事をしている介護士の米城智淳さん（28）は、ある時、「家に帰りたい」と訴えるお年寄りのウチナーグチが、理解できず、その対応に大変苦労しました。

「お年寄りが僕に何か必死に訴えていたんですけど、僕が方言をうまく聞き取れなくて、何度も聞き直していた

ら、『モー　ヤートゥ　ハナシナランサー（あなたとは話が出来ない）』と叱られたことがありました。お年寄りの話をしっかり聞きたい気持ちがあるので、すごい残念でした」

問題は、ウチナーグチを聞き取れないだけではありません。若い職員が何とかウチナーグチを使ってみたのに、お年寄りを怒らせてしまうこともあります。

介護福祉士の中村文彦さん（29）は、お年寄りに話しかけた際、「失礼だ」と怒られた経験があります。原因は敬語でした。

「カダガヤー　ヤーサイ（食べましたか？）」

「ナマカラ　イチャビークトゥ　ヤーサイ（今から行きます）」

このように、ウチナーグチを丁寧に話す場合、本島南部では、男性は語尾に「サイ」を、女性は語尾に「タイ」をつけます。さらに丁寧に話す場合は、「ビーン」をつけます。ウチナーグチには、多くの敬語があり、全てを理解するのは容易ではありません。中村さんは語尾にサイをつけなかったため、お年寄りに怒られたのです。

「親しみをこめて『〇〇さん、元気ヤガヤー』と言うと、『お友達同士のように喋るもんじゃないよ』という風に怒られます。尊敬語は語尾に〝サイ〟を付けたらいいと言うんですけ

ど、難しくて、臆病になって使えなかったりして苦戦しているところです」

お年寄りと若者の間のコミュニケーションの難しさは、救急医療の現場にも広がっています。浦添消防署の救急救命士、大城匡《ただし》さん（42）は、おなかの痛みを訴える80代のお年寄りを搬送した際、患者が話すウチナーグチを、理解することがほとんどできませんでした。

「あまりの痛さで方言ばっかりで答えているような感じでした。（自分が）方言が得意じゃないもので、理解できなくて本当に困りました」

この時は付き添った家族の通訳で何とか事なきをえましたが、この消防署では、多くの隊員が同じような経験をしたことがあるため、ウチナーグチが苦手な若い隊員だけで出動させないといった対策を進めています。

ウチナーグチを学ぼう!!

介護福祉士を養成する沖縄福祉専門学校では2009年から、ウチナーグチを教える授業を本格的に始めました。週に1度、基本的な挨拶や敬語の使い方を教えています。授業では、介

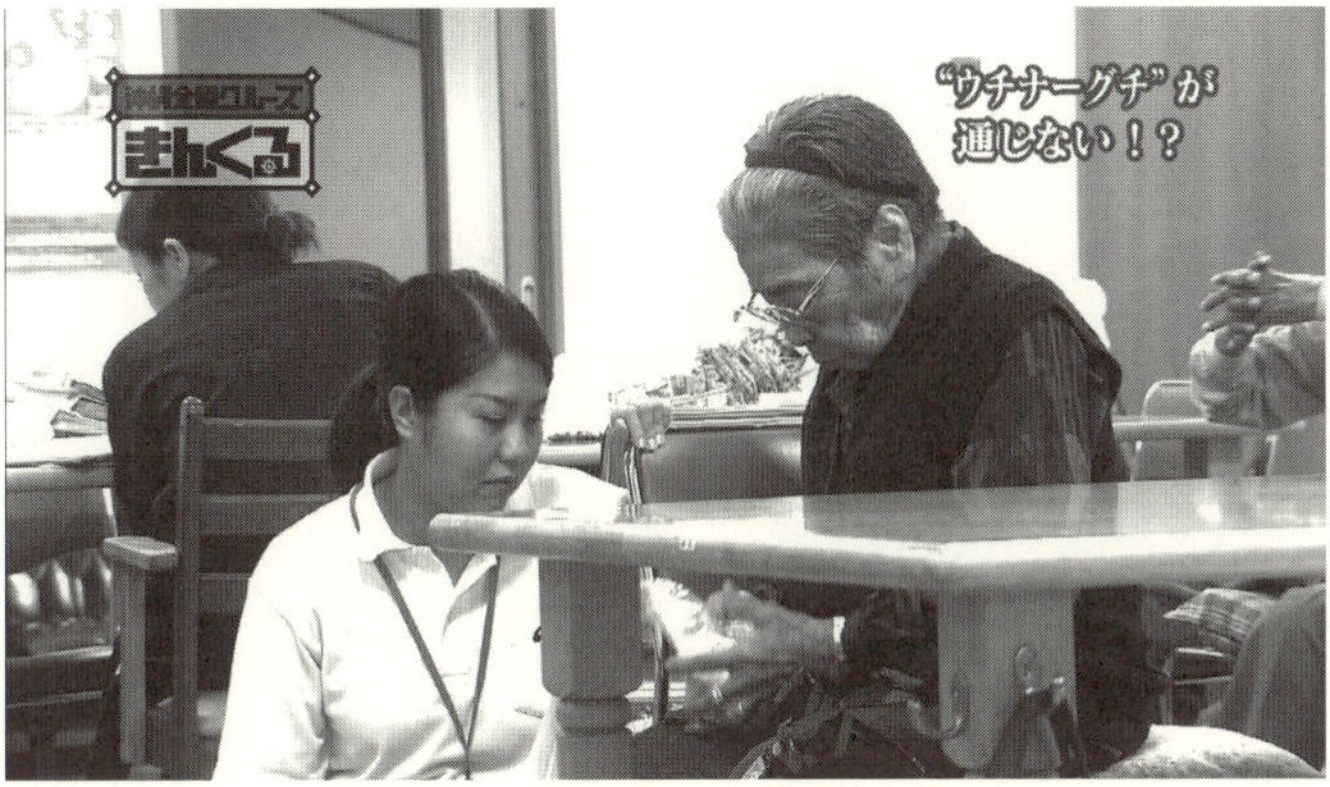

護の現場でよく使われる言葉も取り上げます。

「腰が痛い、腰は…　“ガマク”」

「足が痛くて歩けない、何と言いますか？　『ヒサヤミーシ・アッチューサン』」

生徒たちは、習ったウチナーグチを実習の現場で使い、お年寄りとのコミュニケーションに役立てています。

専門学校副校長の島袋妙子さんは、

「やっぱり沖縄で生きていらした利用者の方たちの思いを受け止めるというか、寄り添った介護を提供していくためには、方言というのは重要なものなんじゃないかなと思うんですね。それをきちんと理解することによって、お年寄りの持っている価値観や生き方の理解につながると思うんです」

と、看護の現場に置けるウチナーグチの重要性を感じていました。

●うちなーぐちの授業風景

さらにウチナーグチを子供たちに受け継いでもらおうという取り組みも動き出しています。

宜野湾市の宜野湾小学校では、NPO法人のメンバーによるウチナーグチの授業が、2009年から月に1回行われるようになりました。

ボランティアで講師を務める、上原直子さん（61）は昭和22年生まれ、子供の頃、ウチナーグチを使う機会が殆どなかったと言います。学校での教育はすべて共通語で、家でもウチナーグチを使うと怒られました。その後、小学校の教師になって大阪に赴任しましたが、その時初めて、故郷の言葉の素晴らしさに気づかされました。

「離れてみて初めて、エイサーとか踊りとかの文化と共に、まず言葉が大事だなってしみじみ気付きました。日本語とは違う、古い言葉がいっぱい残っていて、捨ててはいけないなと思ったもんですから、うちなーぐちを是

非話せるようになろうと思ったのです」

退職を機に、NPO法人でウチナーグチの勉強を始めた上原さんは、今ではすっかりマスターして子供たちへの授業を始めたのです。世代を超えた言葉の伝承が始まっています。

【ゲスト 石原昌英さん（琉球大学法文学部教授）のお話】

ウチナーグチが話されなくなった背景には、学校教育の影響が大きくあります。1879年のいわゆる琉球処分から1950年代、60年代まで「日本人になろう」ということで共通語励行の教育が進められました。方言札が有名ですが、方言撲滅の運動が繰り広げられたのです。しかし決して方言は無くなって良いものではありません。言葉は文化・世界観を表現するものですから、言葉が無くなるということは文化が無くなると言うことです。最近ではテレビでウチナーグチを話す方が増えたり、話せることを誇りと思う若い人も出てきていて素晴らしいことだと思います。さらに例えばスーパーで、商品名をウチナーグチでも表記するようにしたり、家ではお年寄りとお孫さんがウチナーグチで話す機会を作ったりすれば、残していくことができると思います。

（２０１０年４月23日放送　ディレクター中津海法寛・記者大須賀靖）

沖縄でうつ病患者が急増中！

“なんくるないさ”っていう「どうにかなるさ」的なライフスタイルや“ゆいまーる”と呼ばれてきた他人を思いやる気持ちの強さから、沖縄とうつ病って、あまり関係ない話かと思いきや……。

実は、この10年間で、沖縄県内でうつ病の患者数は7倍にも増えているんだそうで、びっくりした（うつ病など気分障害の患者数：自立支援医療費の支給患者数（通院）沖縄県立総合精神保健福祉センター調べ）。

でも確かに「癒しのシマ・沖縄」って言われても、住んでいると、いろいろあるよねー。

●集団認知行動療法

沖縄で始まった新しい治療法とは

うつ病に対しては、これまで「薬物治療」が一般的でしたが、いま「クスリだけに頼らない」治療法として「集団認知行動療法」が注目を集めています。同じうつ病に悩む患者が集まり、話し合いながら、物事を否定的に考えてしまう癖を、プラス思考に変え、治療に繋げていこうというもの。

この新しい治療法を、日本でいち早く本格的に取り入れた施設が、沖縄にあるんです。

うつ病は、〝心の習慣病〟

那覇市に住む玉城英樹さん(42)は、この6年間、うつ病で苦しんでいます。妻と息子の3人暮らしで、現在、家計は妻が支えています。

●玉城英樹さん

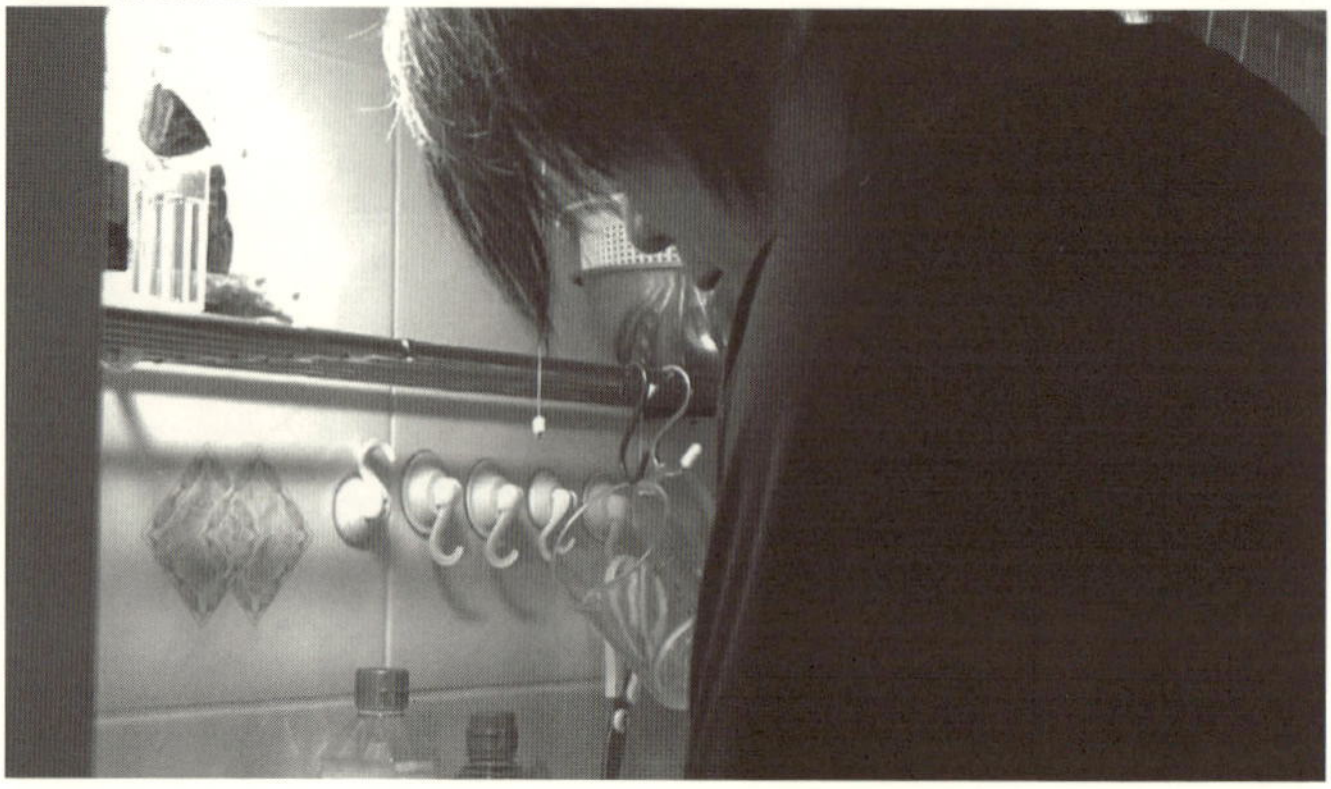

「みんな（の生活）は朝があって、昼・夜・昼・夜というサイクルの中にいるのに、自分だけ全然違う所にいて、そこで意味もなく生きているって感じがするんです」

玉城さんは、専門学校を卒業後、県内のデザイン会社に就職。新規事業の立ち上げに関わるなど、多忙な毎日を送っていました。しかし次第に仕事にストレスを感じるようになりました。

朝、家を出ても、会社近くの公園で、一日中座り続けることも少なくありませんでした。結局「うつ病」と診断され、いったん休職。しかし、症状は良くならず、4年前、会社を辞めました。

私たちが取材を始めた当時は、家から出られず、寝て過ごすことがほとんどで、抗うつ薬や睡眠薬を飲み続ける毎日でした。

「普通なら私がこの家族を支えているはずなのに、今は

●県立総合精神保健福祉センターの「うつ病デイケア」

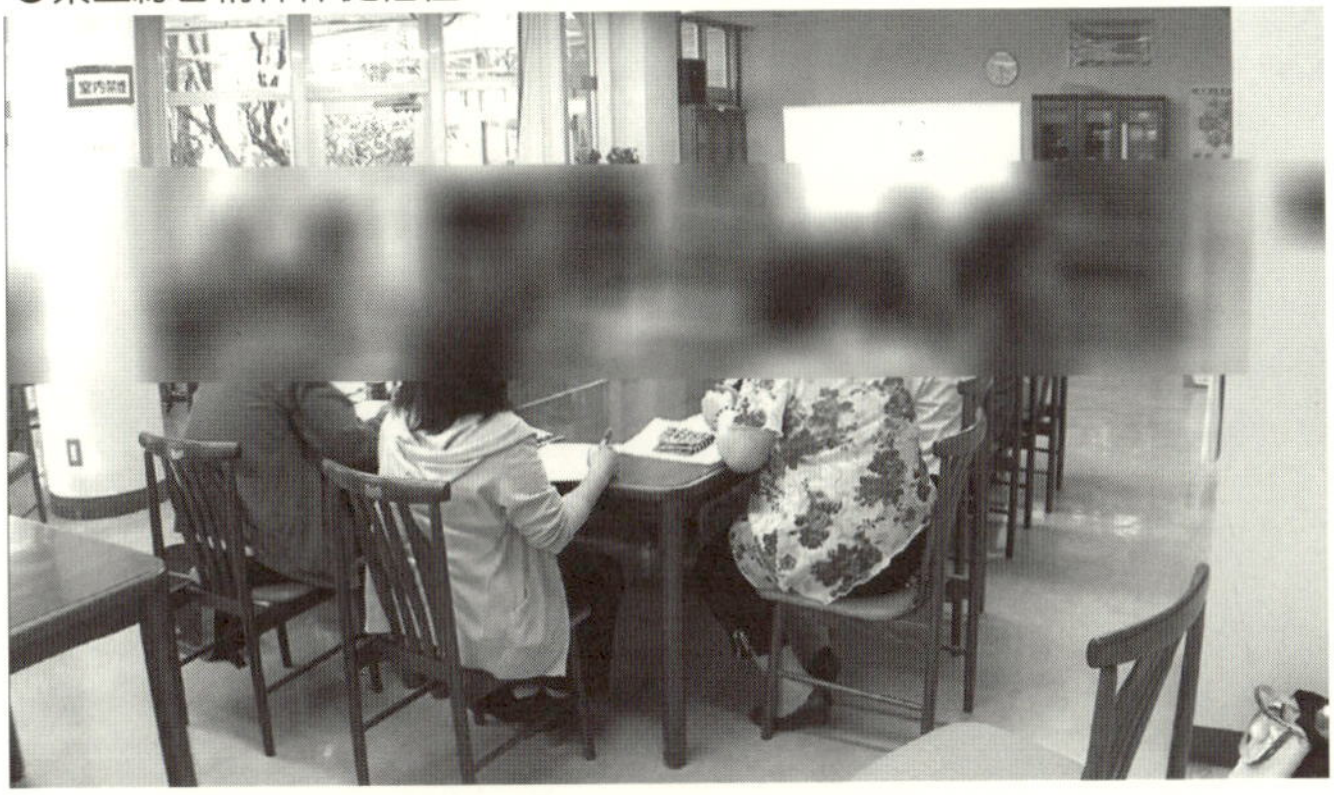

支えられている立場なのが、大変辛いです。先が見えず不安がつのるばかりです」

家族のためにも、一刻も早く社会復帰を果たしたいと考えている玉城さんは、毎週火曜日、ある場所へと通い始めました。南風原町にある県立総合精神保健福祉センターは、沖縄県の精神保健医療の拠点です。ここが全国に先駆けて本格的に始めたのが、「うつ病デイケア」です。

毎週1回、3か月間のプログラムで、朝9時半から午後3時半まで続くデイケア。午前中は、身体を動かし、生活習慣や集中力を取り戻すための運動などを行い、午後にデイケアの軸となる「集団認知行動療法」を行います。

これは、薬だけに頼らず、考え方を変える訓練をすることで、特に「慢性」のうつ病患者に効果があるとみられています。

「うつ病は、いわば〝心の習慣病〟なんです。物事を悪い方に悪い方に考える癖は、なかなかクスリでは治せま

●気分グラフ

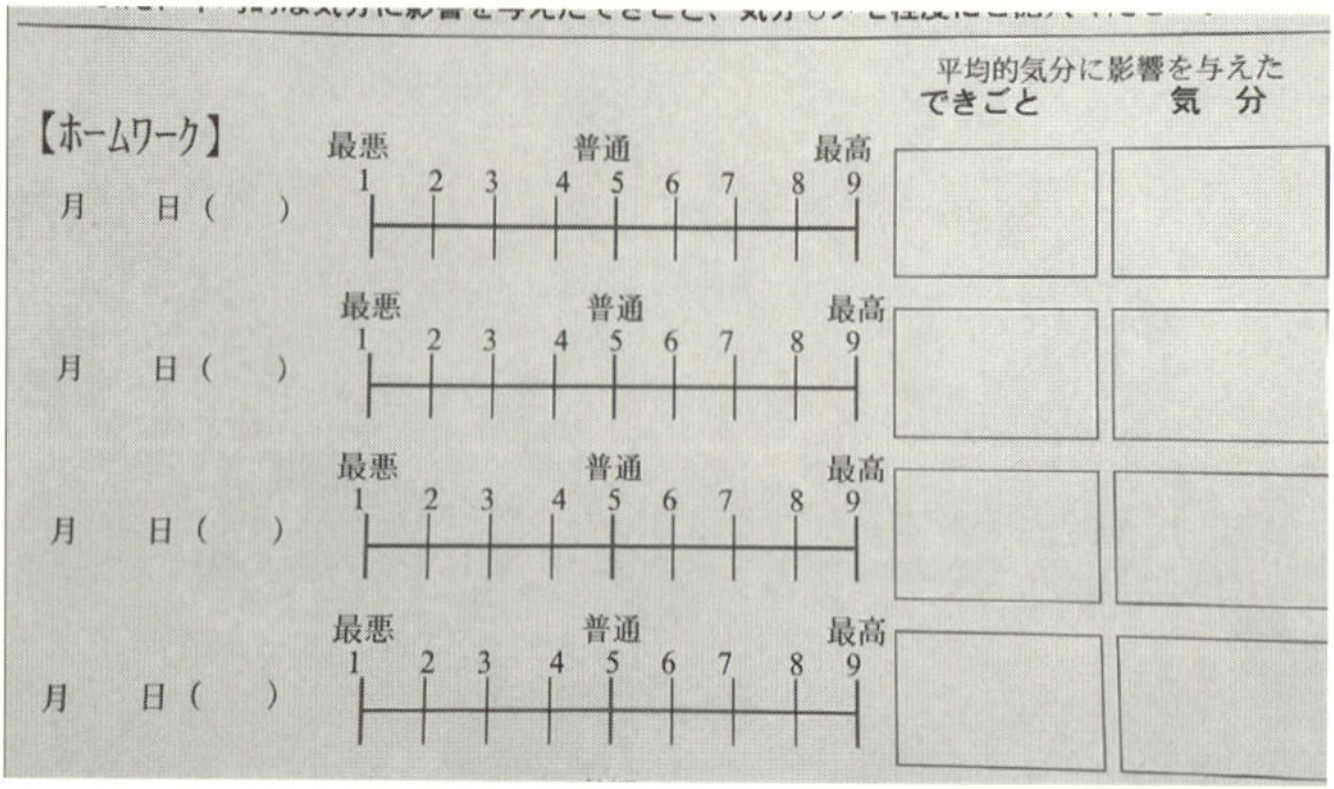

せん。そうしたネガティブな考え方を修正していくのが、認知行動療法です」

（精神科医で県立総合精神保健福祉センター所長の仲本晴男さん）

患者どうしの励まし合いで前向き思考へ

うつ病デイケアはまず、自分の心の状態を客観的に見つめることから始めます。「気分グラフ」と呼ばれるシートを使い、その日の気分の良し悪しを、1から9までの数値で記入します。自分でも気付かないうちに、気分が落ち込んで行く悪循環を防ぐためです。それに加え、毎日、具体的に何をしたのかも記録していきます。

玉城さんのある日の記入例です。

「15日。数値5。前日の軽スポーツの疲れからか、家事以外は寝て過ごした。だるかった」

毎日こうして記入した気分グラフを、患者たちは週1回のうつ病デイケアに持ち寄り、発表します。玉城さんは、自分が記入したことを発表した上で、「1週間で気付いたことなんですが、あまり外に出ることがなく、結局家の中だけで行動しています」と自己分析しました。

すると、他の受講者が玉城さんに声をかけました。

「寝てはいても家事はやっているじゃないですか。家事をできたことに喜びを感じると言うか、ほめることはできませんか？」

家事しかできなかったことを後悔するのではなく、家事をできた自分をほめればいい。同じ病で苦しむ仲間からの具体的な指摘に、玉城さんは、少しはにかみながらも、笑顔を返していました。

「自分が話したことに対して、すぐ返ってくるのがとても嬉しいです。人それぞれ違う部分があるけれど、共通してみんな、頑張って良くしようとしているのが分かって、とても良かったです。少し光が見えてきたような気がします」

うつ病デイケアを3か月間受講した21人のうち、修了にまで至ったのは、18人。診断の結果、14人の症状が「改善」していました。

●読谷村なかゆくいでの前川さんらの学習風景

うつ病サロン〝なかゆくい〟

集団認知行動療法は、うつ病治療に一定の効果を見せ始めていますが、玉城さんのようにうつ病を何とかして治したいと、自らセンターに足を運べる人ばかりではありません。

そういった積極的な気分にまだならないという人たちが、「始めの一歩」を踏み出すための、いわば後押しをする取り組みが読谷村で始まっています。

精神保健福祉士の前川佳恵《よしえ》さんは、村からの依頼を受けて、主に心の病で苦しむ人の自宅を訪れ、相談に乗っています。そうした中、気付いたのは、うつ病で悩みながらも、自分からは病院に通えない人が多くいること。何とか手をさしのべることは出来ないかと考えた前川さんは、2010年、県立総合精神保健福祉センターでうつ病デイケアの研修を受けました。そこで集団認知行動療法を学びながら、次第に「うつで苦しむ人が地元で気軽に交流できる、サロンの様な場所を作りたい」と思うようになりました。

実は村役場も、「うつ病に効果的な対策は無いか」と模索していたのです。患者が増えることで、医療費などの支出がかさむ一方、働ける人が減っていく現状に、危機感を募らせていたからです。

「働き盛りの皆さんが長期の離職をするという状況は、村の財政に深刻な影響を与えます。何より村民の健康作りというのは、村政の最重要課題のひとつですから」

（読谷村　生活福祉部長　仲宗根盛和さん）

前川さんと村の思いが合致した結果、2011年4月、読谷村内に認知行動療法も学べる「うつ病サロン」が本格的に始まりました。村がつけた予算は221万円、行政がこうしたサロンの設立を財政的に支援するのは、全国的にも大変珍しいことです。

前川さんは、サロンに「なかゆくい」という名前をつけました。思い詰めて悩むのをちょっと「中休み」して、前向きな考え方を取り戻してもらえたらという考えからです。

サロンの開設にあわせ、前川さんは、家にこもりがちなうつ病の人たちに、電話をかけたり、手紙を書いたりしました。今では月2回、村内のうつ病の人と家族が集まり、交流を深めています。

参加者からは、「読谷に他にうつ病患者がいるという事も分かりませんでした。同じように悩んでいる人がいる事をここで初めて知りました」「誘ってもらえなかったら、まだ引きこもり状態で、今もずっと続いていたと思います」という声が聞かれます。

同じ悩みを持つ人が集い、みんなで集団認知行動療法の考え方を勉強しながら、話し合い、時には料理を一緒に作ったりする、様々な取り組みが動き出しています。

みんなでゆっくりと進んでいく

南風原町の「うつ病デイケア」では、受講者を周囲から支える取り組みにも、力を入れています。

定期的に開かれる「家族の集まり」に参加していた上原ゆりさん(仮名)は、夫が1年前からうつ病で苦しんでいます。夫の健さん(仮名)は、部品メーカーの営業マンとして、高い売上成績を上げていましたが、職場環境の変化が重なるなか、うつ病を患ったのです。

「(夫は)努力家で、器用で、何でもできる人だったんですよ。それが急に具合悪くなったので、『何を怠けているのよ』と思って、出ていけって心の中で叫んだこともありました。でも

●上原夫妻の社交ダンス

最近は、本当に長いスパンで考え、見守っていかなきゃいけないんだなと思うようになっています」

以前、上原さんは、社交ダンスが得意で、大会に夫婦で参加し、優勝したこともありました。夫婦で元のようにダンスをするのが、二人の願いと言います。

うつ病デイケアでは、家族だけでなく、職場の人も招いた説明会も開いています。上原さんの上司も参加していましたが、そのことは、上原さんを大変安心させることだったようで、次のデイケアの集まりで、次のように発言していました。

「上司が私に対して『ゆっくりゆっくり治していこう』と。また『朝キツイ時には無理しないで出勤しなくてもいいよ』とか、いろんなことを私にアドバイスしてくれたので非常にうれしかった」

上原さんたちは、家族や職場の人のサポートを受けながら、ゆっくりと前に進んで行こうと考えています。

【ゲスト 小椋力さん（精神科医・琉球大学名誉教授）のお話】

欧米では古くから薬による療法と共に、認知行動療法が進められてきましたが、日本では遅れていました。２０１０年４月保険診療として認められてから、一気に関心が高まり、実施する医療機関も増えてきました。空を飛んでいる飛行機に不具合が出たら、まず着陸して羽を休めます。同じようにうつ病を患った時、最初に必要なのは休息です。その後、滑走路を助走する体力気力が回復したら、飛び立つことが出来るんですが、その時後押しをしてくれるのが認知行動療法です。治ろうとする意志が必要ですし、薬をすぐに止めて良いというものではないので、必ず主治医と相談の上で、進めると良いと思います。

（2011年9月2日放送　ディレクター小川康之）

宮古の離島で奇跡の介護

あがんにゃ！　みゃーくは、今、だいず注目されているさいが！

宮古島の北、橋でつながる池間島は、僕も川満シェンシェーと一緒に行ったことがあるけど、いいところだよー。かつては鰹漁で栄え、今は「幻の大陸」八重干瀬が近くにあることで有名だよねー。周囲10キロに700人が暮している、この小さな島で行われている「手作り介護」の取り組みが、今、全国から注目を浴びているって、知ってた？

島の外にいたお年寄りたちが島に次々と戻ってきているという、新しい介護をちょっと見てみようさいが！

「きゅーぬふから舎」

島の新しい介護の舞台は、２００６年、島に初めてできた介護事業所「きゅーぬふから舎」。75歳から92歳までの介護認定を受けるお年寄り22人が利用しています。

利用者のひとり、前川茂さん（77）は、池間島で生まれ育ち、漁師や船員などをしてきました。定年後、島でひとり暮らしを続けて来ましたが、去年脳梗塞で倒れました。ほとんど寝たきりの状態になりましたが、それにも関わらず自宅でひとりで暮らすことができているのは、きゅーぬふから舎の手厚い介護があるからです。

朝9時、施設から前川さんを迎えにスタッフがやってきます。車で施設に到着した後は、ひげそりや、健康を維持するための体操、昼と夜の食事など、スタッフから親身なケアを受けます。自宅に帰るのは、午後5時。その後も、介護は続きます。

2時間後、施設からやってきたホームヘルパーの波平伊保子さん（59）は、前川さんの近所に住み、長年の付き合いがあります。夜、変わったことがないかを確認しに来てくれます。

このように、きゅーぬふから舎が行っている手厚い介護は、「小規模多機能型」と呼ばれる

●仕組みの比較

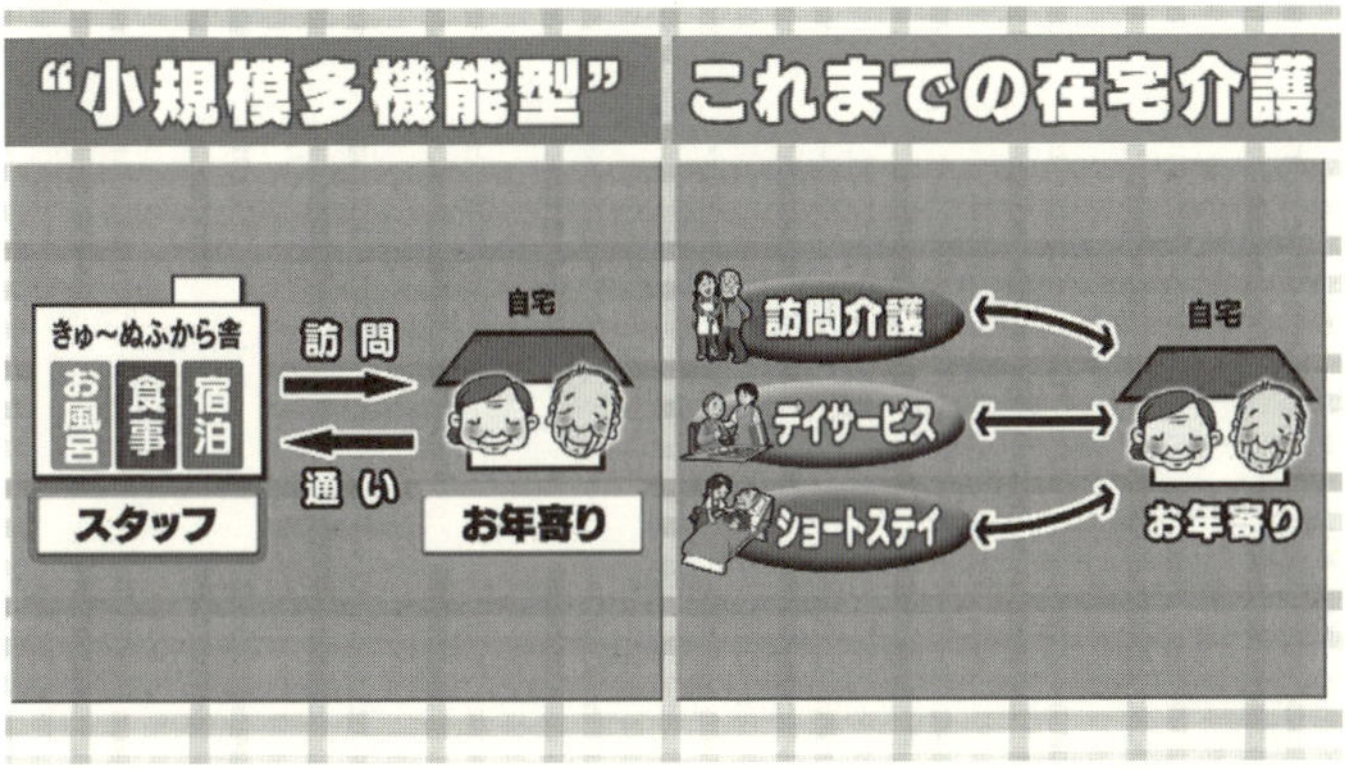

新たな仕組みに基づくものです。これまでの在宅介護は、訪問介護、デイサービスなどの事業所が、別々にお年寄りにサービスを提供していましたが、小規模多機能型では、サービスが1カ所で受けられます。定員は25人と少なく、家族的な介護が目指されているもので、厚生労働省が4年前から導入を進め、全国に2500カ所の施設ができています。

きゅーぬふから舎はそのひとつなのですが、特徴は島出身の女性たちが自らの手で立ち上げたということです。代表の前泊博美さん（58）に話を聞きました。

「私はこの施設を始めるまでは学童保育の指導員をしていて、介護についてはまったくの素人でした。しかし身近なお年寄たちが介護を受けるために、次々と島を離れていく姿をみているうちに、何かしなければと思うようになったのです」

前泊さんは、まず島のお年寄り400人全員にアンケート

●前泊さんと島のお年寄り

を行いました。

「介護が必要になった時、どこで受けたいか」と聞くと、「池間島」という答えが圧倒的でした。前泊さんは、すぐ動き出しました。同級生の女性たちに声をかけ、池間島で介護事業所を立ち上げることにし、宮古島市から使っていない建物を無償で借り受けました。

設立当初、利用者はふたりだけでしたが、次第に信頼を集め、今では申し込みを断る程の人気となっています。スタッフも利用者も、お互いを昔から知るご近所同士のため、心のこもった介護が実現できると言います。

「利用者の方たちは、私たちを育ててくれた人たちです。私たちが、このおとぅやおかぁから受けた恩を、少しずつ小出しにして返してるだけなんです」

（前泊さん）

●自宅で介護する與儀さん

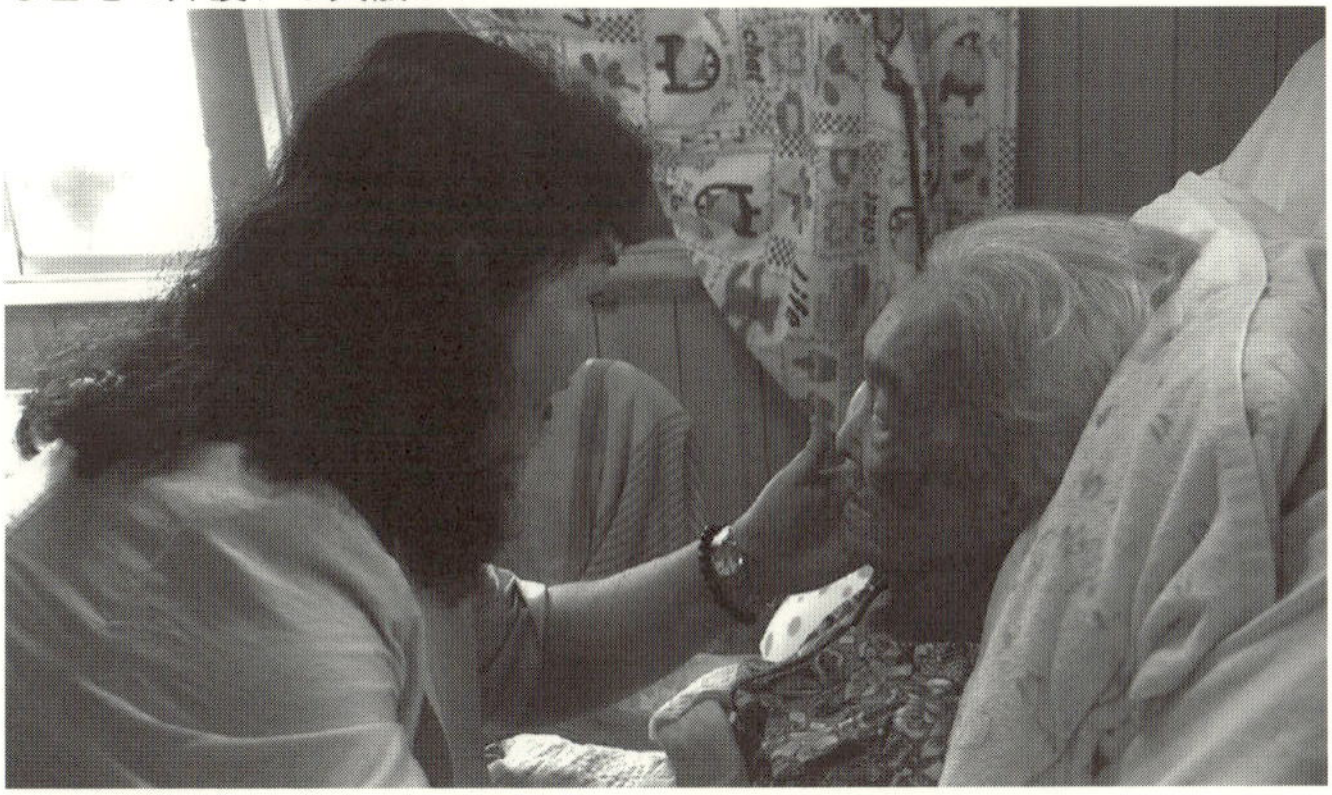

介護とは、心を紡ぐこと

きゅーぬふから舎の恩恵を受けているのは、ひとり暮らしのお年寄りだけではありません。自宅で親や親類を介護したいという家族にとっても、とても助かる存在になっています。

2010年4月、家族と10年ぶりに池間島で暮らし始めたのが、與儀千寿子さん（62）です。きゅーぬふから舎を利用することで、島の外の施設に入居していた、叔母のフミさん（91）を、自宅に引き取りました。

仕事に出なければならない千寿子さんは、日中、フミさんを、きゅーぬふから舎に預けます。仕事に出る前、施設のスタッフに当てた「日誌」を欠かさず書いて行きます。この日は、帰りが遅いため、フミさんを家に送り届ける際、部屋の電気を付けておいて欲しいと書きました。

千寿子さんが仕事に向かった1時間後、迎えがやってきま

●バナナ畑を散歩する波平さんと前川さん

した。フミさんは、千寿子さんの仕事がある日は、施設で食事やお風呂に入ったりしながら過ごしています。

夜9時、千寿子さんは仕事から帰ると、まずきゅーぬふから舎のスタッフが書いた日誌に目を通します。食事を食べたか、健康状態はどうか、ひとつひとつ書かれています。

そして夜10時、すぐ隣に住むホームヘルパーの波平さんが、何か困ったことがないか立ち寄ってくれました。

「お年寄りを中心に、周りにいる家族や地域の人たちもみんな参加することで、『生きててよかったなぁ』と笑って最後を迎えられることができればいいなぁと。私にとって介護とは心を紡ぐことだと思ってるんですね」

（前泊さん）

ご近所の精神を活かした、手作りの介護によって、お年寄りたちを故郷の島で支える取り組みが続けられています。

前川茂さんの自宅には、朝ホームヘルパーの波平さんが、自分で作った朝食を、前川さんに食べさせにやってきます。これは、決められた介護サービスには含まれない、いわばボランティアです。また波平さんは、前川さんを散歩に連れ出すこともしばしば。よく行くのは前川さんが昔耕していたバナナ畑です。波平さんは、近所でバナナを手入れする前川さんをよく見かけていました。思い出の残る場所に連れて行くことで、少しでも元気を取り戻して欲しいと思っています。

【ゲスト 西尾敦史さん（沖縄大学准教授・社会福祉）のお話】

私も池間島を訪れたことがありますが、前泊さんたちの「島での暮らしを続けさせてあげたい」という熱意と覚悟がこの取り組みを支えているのだと思います。利用者・家族にとっては有り難い「小規模多機能型サービス」ですが、全国的には思ったほど広がっていない現実もあります。採算が合わない、担い手の確保が難しいといった課題があるからです。それでも沖縄県内には54ヶ所あって、高齢者の人口に対する利用度は全国トップ、全国平均の3倍は使われています。地域の共同性が強いことが背景にはありますが、都会でも例えば那覇市では小学校区にひとつずつ作ろうとしていたり、空き店舗など既存の施設を改造したりするなどの工夫も始まろうとしています。

（2010年9月24日放送　ディレクター酒井有華子）

「一粒の種」～命の歌の大合唱～

宮古島出身の砂川恵理歌さんが歌い、２００８年の発売以来全国でロングセラーを続ける「一粒の種」。ガンと闘っていたある患者が残した最後の言葉がきっかけで生まれた歌です。

ＮＨＫの番組で取り上げられたこともあって、砂川さんの元には「生きる勇気がわいた」「亡くなった母を思い出して涙が溢れた」など多くのメッセージが寄せられ、「歌を直接聴きたい」という依頼も、県内外の学校や病院から相次ぎました。

全国に広がり続けるこの歌を、ふるさとの人達と一緒に歌いたいという砂川さんの思いに応え、３３６人の島民大合唱が実現しました。そこに至る「命の歌」の物語です。

●「一粒の種」について語る高橋尚子さん

「一粒の種」が生まれるまで

「一粒の種」の作詞者、高橋尚子さんは宮古島出身。神奈川県川崎市で看護師として働いています。２００４年、あるガン患者との出会いが詩を書くきっかけとなりました。前立腺ガンが全身に転移し余命３ヶ月と告げられていた中島正人さん、46歳。中島さんは自分の気持ちをあまり表に出さなかったのですが、ある日、全く違う姿を看護にあたっていた高橋さんに見せました。

「ベッドの横で、本当にふらふらしながら号泣されたんです。『生きていたいよ！　一粒の種でもいいから生きていたいよ』って、そういうことを繰り返し繰り返し言っていました。私は『うんうん』としか答えられませんでした」

その直後、中島さんはこん睡状態に陥り、3日後、息を引き取りました。「一粒の種になりたい」という中島さんの最後の言葉に高橋さんは心を揺さぶられました。実は、高橋さん自身も10年前、内臓破裂で倒れ入院、その時、「ガンの疑いが高い」と伝えられました。夫とふたりの子供を残しては死ねないという、家族を大切に思う気持ちが溢れたといいます。

「例え自分の存在がこの爪の大きさ位になっても構わない。私の存在がそこにあって、子供たちの気配を感じたり、私が私でいられるっていう、そういう証というか、存在というのか。最後切り刻まれて、こんなちっぽけになっても私は、生きていたいって、そう思ったんですね。だから中島さんの言った『一粒の種でもいいから』という思いがとても分かるような気がしたんです」

中島さんの思いを少しでも多くの人に届けたいと思った高橋さんは、中島さんの言葉を元に詩を作ることにしました。

一粒の種になりたい
ちっちゃくていいから
一粒の種になりたい

俺の命の
一粒の種になりたいよ
土に根をおろし
芽をだして
樹になれ　花になれ
俺　人間の種になりたい

高橋さんのこの詩に共感した、同じ宮古島出身の歌手、下地勇さんがメロディをつけ、砂川恵理歌さんが歌うことになりました。その後、砂川さんは全国各地３００カ所以上で、小さなコンサートを続けてきました。そんな中、砂川さんはある思いを強めていきました。

「宮古の人達をリレーして出来たこの歌ですし、私たち自身も育ててくれたのが、この島なので、宮古島自体に1回お返しできたらいいと。みんなで一緒に歌う機会を持てたらと思うんです」

●「一粒の種」に寄せられた沢山のお便り

336人大合唱へ

宮古島市役所や観光協会を中心とした島の人々が、砂川さんの思いに応え、合唱をレコーディングし、CDを制作することになりました。市役所が新聞を通じて、地元の人々へ参加を呼びかけるとすぐに、様々な世代から参加したいという申し込みが集まってきました。

参加者が書いたアンケートにはそれぞれの「一粒の種」への思いが綴られていました。「歌を聴くと、3年前に亡くなった娘を思い出す」と書いたのは松川春江さん(57)です。島で美容室を営む春江さんは、娘の幸江さんを34歳という若さで亡くしました。料理が得意でしっかりもの、女手ひとつで3人の子供を育てていました。いま、春江さんは残された3人の子どもを引き取り、一緒に暮らしています。

孫の小学校で開かれたコンサートで「一粒の種」を聴き、

●松川さんの娘・幸江さん

涙が止まらなかったと言います。

「娘が語りかけているような、そんな感じがして、よく似ているねと思って。いつもそばにいるからねとか、心配かけてごめんねとか、そういう所ですね」

亡くなる直前、母から娘に

生体肝移植が行われることが決まっていましたが、間に合いませんでした。「もっと早く病気に気付いていれば」と春江さんは、娘を助けられなかったことを、ずっと後悔していました。

「自分が助けられなかったことを悔やんできたんですけど、この歌を聞くと、そうじゃなくて前向きに生きて行けよと、私は生きていて良かったよと励まされるような気がして」

●當眞香苗さん

春江さんにとって、この歌は天国の娘からの励ましのメッセージのように聞こえました。孫に向けても明るい気持ちで歌いたいと合唱への参加を決めたのです。

中学3年生の當眞《とうま》香苗さんも「一粒の種」に出会い、家族への思いを見つめ直したひとりです。生後2ヶ月の時、父・信一さんが25歳の若さで亡くなり、祖父母の元で暮らしてきましたが、祖父母が父親の話をすることは、ほとんどありませんでした。「一粒の種」を一緒に聞いた時に、ふと祖母が「（香苗さんの）父親のことを歌っているようだ」と言いました。それをきっかけに、これまで避けていた父親のことを話すようになりました。

「お父さんみたいだねってね。よく似ているねって。ふたりで塾に行きながらね、泣きながら聴きました」

『痩せた頬に涙を流さないで』『私は笑顔であなたを見ている』という歌詞が、香苗さんの父親が入院している時の光景

●「一粒の種」をみんなと合唱する、砂川恵理歌さんと下地勇さん

に重なったと言います。

その後、祖父母は、香苗という名前はお父さんが付けてくれたものだということ、そして香苗さんと似ておとなしい人だったこと、病室でも涙は見せなかったことなどを話すことができたと言います。

感謝の思いを天国の父親に歌で伝えたい。香苗さんは勉強の合間を縫って、合唱に参加することにしました。

合唱の日

コンサート当日。下は3歳から上は82歳まで。予想を上回る336人が砂川さんと一緒に「一粒の種」を歌いたいと集まりました。作詞した高橋尚子さん、下地勇さんの姿もありました。

レコーディングなど参加したことがない島の人達ですが、今回はCDとして発売することもあり、2時間、みっ

ちり練習が行われました。みんなをリラックスさせようと、砂川さんも参加者たちに優しく声をかけていました。

いよいよ本番。それぞれの想いがこもった大合唱です。

一粒の種に　一粒の種に
ちっちゃくていいから
私もう一度　一粒の種になるよ
出会って　語って
笑って　泣いた
生きててよかったよ
あなたのそばでよかったよ
一粒の種は風に飛ばされ
どっかへ行ってしまうけれど
あなたへと辿る確かな道を
少しずつ舞い戻って

それぞれが家族を見つめ直すきっかけとなった「一粒の種」は、歌のふるさとで、ひとつの大きな花を咲かせました。

【ゲスト 砂川恵理歌さんのお話】

これまでに3000通以上のメールやメッセージを頂いた「一粒の種」。私自身にとっても、とても大切な歌です。宮古島での合唱の時は、お年寄りが小さい子どもたちを支えたり、若い人たちがキラキラした顔で歌ったりする様子に鳥肌が立ち、人の声の力をすごく感じました。松川さんや當眞さん以外にも、沖縄本島で出会った宮古島出身のガン患者の方が合唱に参加するためだけに里帰りしてきてくれたり、私の中学校の時の担任の先生が来てくれたり、本当に嬉しかったです。

（2011年2月25日放送　ディレクター山崎隆博）

信ちゃんのニュー沖縄のおもしろ看板★スター

《まがりかろ》。
すごく面白いけろ、気にしなってしまうけろ。
《かろ》が気になってよそ見してしまうけろ。
気をつけて安全運転よろしくー。

信ちゃんの
ニュー沖縄のおもしろ看板★スター

普通のボクシングより、キツそうです。どんなにキックするの。ユルくしてもらえます？

私、初心者なので……。

信ちゃんのニュー沖縄のおもしろ看板★スター

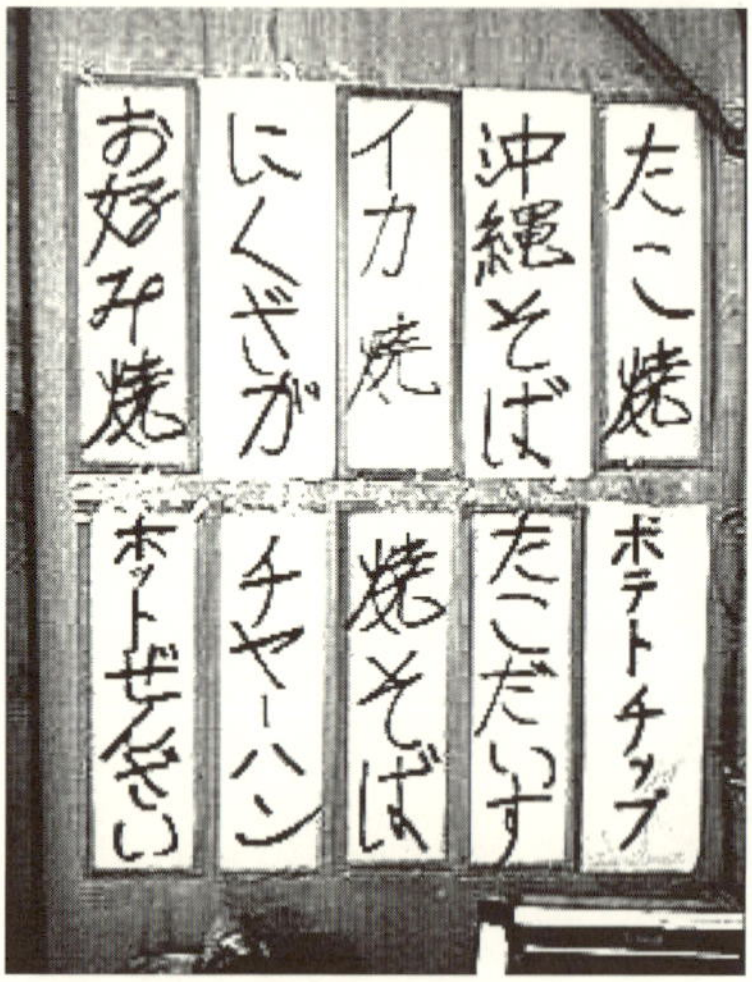

いろいろ突っ込みたいメニューです。

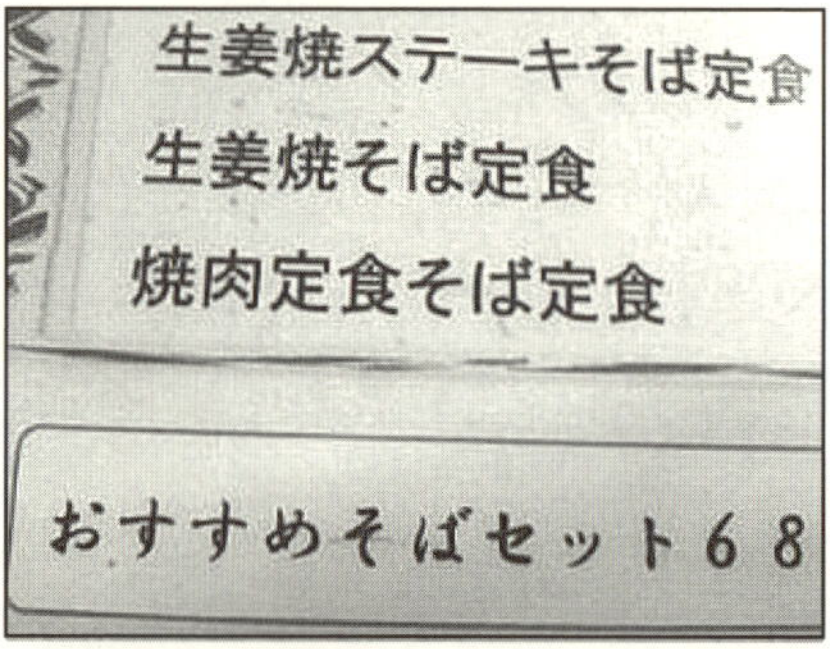

そば定食が混乱してます。
ふつうのそば定食はない模様です。

幼い命を守りたい
～宮森小学校米軍機墜落事故から半世紀の証言～

沖縄の空を飛ぶアメリカ軍の飛行機。あまりに日常の光景になってしまっていて、轟音がしてもいちいち見上げなくなっている人も多いのでは。

しかしこれって、ほんとうはとっても危険なことなんだよね。

いま沖縄にいる僕たちが、ぜったい忘れてはならない出来事が、およそ半世紀前に起こりました。

普通に子ども達が授業を受けていた小学校に、米軍の戦闘機が墜落したのです。

その小学校の名前は「宮森《みやもり》小学校」です。

初めての証言集

1959年6月30日、嘉手納基地を飛び立った戦闘機が、住宅街に墜落しました。機体が突っ込んだ先にあったのは、当時石川市（現うるま市）の宮森小学校でした。火曜日の10時40分、1300人以上が学んでいた学校で、11人が犠牲になりました。2年生が6人、3年生と4年生が1人ずつ、6年生が3人。近隣の住民も6人が亡くなりました。重軽傷者210人、校舎3棟を始め民家27棟、公民館1棟が全焼する大惨事となりました。

2010年9月、事故から51年経って初めて「証言集」が出版されました。あの日、子どもたちに何が起きたのか。事故の詳しい様子がようやく語られ始めたのです。

今回、遺族や関係者の証言をまとめたのは当時25歳、宮森小学校の臨時教員として国語を中心に教えていた豊濱光輝さんです。11人の遺体が運び込まれた教室で検屍などに立ち会った豊浜さんは、次々と駆けつけた家族から怒りをぶつけられたと言います。

「なんで助けなかった？　君は生きてるじゃないか、なんでうちの子を殺したんだ？　と、もう体をつかまれ、詰め寄られました」

●当時の様子を豊濱さんに語る金城さん（右）

加害者は米軍なのに、怒りの矛先は学校の先生に向けられたのです。

その後、豊濱さんは遺族を避けるように暮らしてきましたが、２００９年、転機が訪れました。事故から50年の節目を迎えた小学校に、子どもたちが生前に書いた絵や作文が、遺族たちによって持ち寄られました。事故のことを忘れて欲しくないという強い思いを感じた豊濱さんは、遺族のもとを一軒一軒訪れ、証言を集め始めました。

今も続く悲しみと葛藤

当時6年生だった金城秀康さんは、学校の近くにあった自宅が飛行機に直撃され、母親を亡くしました。金城さんは今回初めて、当時の様子を豊濱さんに語りました。

「夜遅く、私は父から母の死を知らされました。台所があった場所でうつぶせに倒れていたそうです。なぜこう

●証言する吉村佐代子さん

した事故で命を落とさなければならなかったのか、悲しみと怒りは年月がどれだけ経とうが無くならないというのが現実じゃないですかね」

豊濱さんが集めた証言集には、教え子を失った教師たちの話も納められています。吉村佐代子先生は当時3年生の担任、校庭のブランコで遊んでいた教え子、上間芳武君を事故で亡くしました。先生の話をよく聞く子で、とても恥ずかしがり屋だったと言います。

その日の休み時間、芳武君は、花壇から、1本のヒマワリの花を取り、「先生にあげる」と吉村先生に差し出したと言います。先生は「花壇の花を取ってはいけませんといつも注意しているでしょう」と言ってしまいました。芳武君は、ひまわりを置いて教室を飛び出していきました。そこへ、戦闘機が墜落したのです。

「注意しなければよかった……。素直にありがとうね、

●伊波さんが描いた墜落現場の様子

きれいだねぇって何で言ってあげられなかったのかと、ずっと悔やまれてなりませんでした。私もこの年になって、芳武君がどういう亡くなり方をしたのか皆が忘れてしまうのは忍びないと思うようになり、今回証言することにしました」

証言集には、当時の惨状を描いた絵も寄せられました。事故直後の様子を描いたのは、臨時教員として算数を教えていた伊波則雄さんです。事故の爆音を聞いて、全速力で子どもを助けに向かった伊波さんは、大けがを負った、ひとりの少女と出会いました。伊波さんが描いたのは、この少女の姿です。

「髪の毛も、手も足も全身火傷でした。背中に焼け残りの洋服の切れ端がくっついていて、それを取ってあげたら皮膚までむけてきました。か細い声で『痛いよー痛いよー』と泣きながら、声にもならない声を出していまし

●石川・宮森ジェット機墜落事故の証言集『沖縄の空の下で』

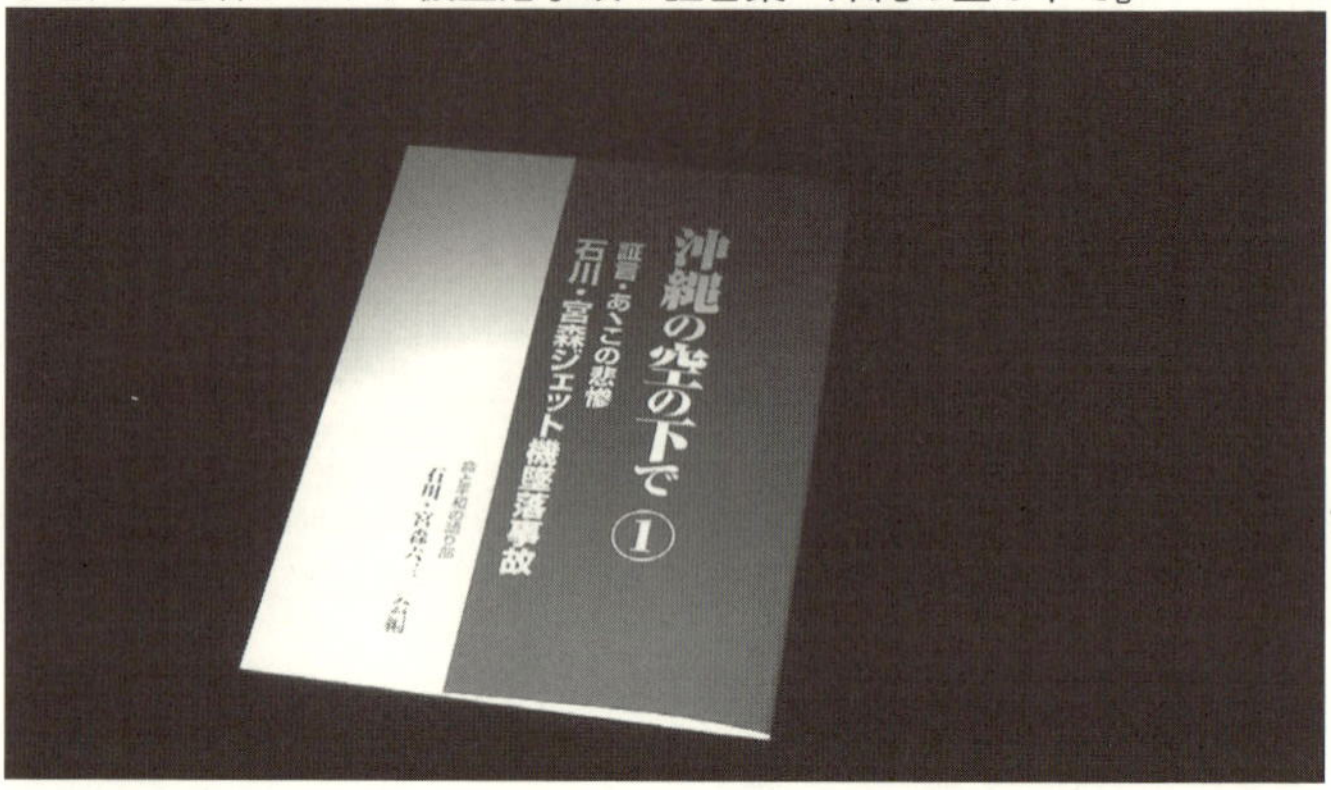

た」

伊波さんは、この後、少女を事故の処理をしていたアメリカ軍の兵士に引き渡しました。一刻も早く治療させたいという気持ちからでした。しかし少女は搬送先のアメリカ軍の病院で亡くなりました。事故を起こしたアメリカ側に少女を託したことを伊波さんは、この50年間、少女の両親に伝えることができませんでした。

「両親からその子を誰が連れて行ったか追求されると思うと、とても名乗り出せませんでした。年が経つに従って次第次第にもう追い込められては行くけれども、ただただ逃げてばかりで、なかなか話せませんでした」

事故を風化させてはいけないという気持ち

伊波さんは、証言集に絵と文章を寄せたことをきっかけに、初めて少女の家を訪ねることにしました。少女の名は喜

●前年の展覧会より

屋武玲子さん、当時小学校2年生でした。伊波さんは少女の遺影を51年経って初めて目にしました。

「長い間ご無沙汰して、本当に申し訳ございませんでした」

伊波さんは父親の長盛《ちょうせい》さんに、これまで語れなかった思いを打ち明けました。

「どういう形で喜屋武さんに会ったらいいか、報告すればいいか分からず、だんだんだんだん日が経ってしまいました。当時は、早く助かってくれと祈るような気持ちで米兵に玲子さんを託したのです」

父親の長盛さんは、深い悲しみを抱え続けていました。

「33年忌も50年忌も終わり、もう安らかに眠っていると思うんですよ。それをたたき起こすようなことは、もうやめて欲しい」

証言集に言葉を寄せることは断った喜屋武さんでしたが、

伊波さんにはこう、感謝の気持ちを伝えました。

「基地がある限り、このような事故は止まないと思うんです。県民のためにも、事故を風化させてはいけないという気持ちは理解できます」

子供たちを守るために、記憶を残し伝え続けていこうという気持ちを、伊波さん、そして豊濱さんは強く持っています。

「思いを胸におさめないで吐き出してくれないかとお願いしています。そうしないと事故はまた起きてしまう。孫の時代まで引きずることは何としても避けたいのです」

（豊濱さん）

【ゲスト　新崎盛暉さん（沖縄大学名誉教授）のお話】

当時は島ぐるみ闘争という米軍への抵抗運動が収まりかけていた時期でしたが、この事故で改めて沖縄の現実を皆が突きつけられた、そんな出来事でした。基地が無くならない限り、問題は解決しない、それは今も変わりません。過酷な体験を、周りの人、後世の人がどう共有していくのかが問われていると思います。

（2010年10月1日放送　ディレクター笹山亮）

コザ騒動40年
～真実を語り始めた人々～

本土復帰の1年半前、アメリカ占領下の沖縄で起きた「一夜限りの革命」コザ騒動。
１９７０年12月20日未明、路上に停めてあったアメリカ軍関係の車輌に、市民が次々と放火。さらには嘉手納基地内の車や建物までをも破壊したのです。焼かれた車の数は、70台以上。参加した市民の数は7千人とも伝えられる、沖縄の戦後最大の民衆蜂起でした。
あの時、コザで、そしてオキナワで何が起こったのか。今だから知りたい、ホントウの事。

（写真はコザ騒動で炎上した車両）

発端は1件の交通事故

コザから沖縄市と名を変えた街では、騒動から40年目を迎えた2010年、騒動に参加した人や、当時、報道に携わった人たちなどが集まる会が、毎月開かれました。事件を風化させないよう、それぞれの記憶を語り合い、記録に留めるのが目的です。

「向こうの方には空が赤々と燃えて、ワーワー騒いで、バチバチ燃えるような音がしていました」

「沖縄の人たちはおとなしいと言われていたけど、この時は怒りが本当に爆発したんです」

12月20日未明。現在の国道330号線ゴヤ交差点の近くで、酒に酔ったアメリカ兵の車が、住民をはねる事故が発生し、これが騒動のきっかけとなりました。事故現場の目の前に住んでいた浦崎直良さんに当時の様子を聞きました。

「アメリカ軍の憲兵隊がやってきましたが、被害者を放置したまま、事故を起こした米兵を現場から連れ出そうとしたんです。なので警官をみんな取り囲んで抗議しました。『ウチナーンチュを助けないで、なぜアメリカ人を助けるのか』と」

●コザ騒動前日の美里での抗議集会

事故処理が進むにつれ、野次馬の数と、怒りの声は瞬く間に膨れ上がっていきました。それには、理由がありました。

ベトナム戦争の最中のこの年、沖縄でアメリカ兵が起こした刑事事件は960件。交通事故は過去最多の3700件を記録していました。しかし、当時の沖縄では、アメリカ兵に対する裁判権が認められておらず、下される刑罰の軽さに、市民の間では不満が高まっていました。

そうした中、糸満で54歳の主婦が、飲酒運転のアメリカ兵の車にひき殺される事件が起きました。しかし、アメリカ軍の軍事法廷は、加害者のアメリカ兵を証拠不十分で無罪としました。判決が出たのは、コザ騒動が起こる9日前。市民の声に耳を傾けようとしないアメリカ軍の姿勢に対し、沖縄の人々の心には、不満と怒りが溜まっていきました。さらに、この前の年には、嘉手納基地の中で、毒ガスが漏れ出す事件が起きていました。コザなど周辺の住民の間に不安が広がりました。

毒ガスの撤去を一向に始めないアメリカ軍に対し、12月19日コザの隣町・美里で、数千人が参加する抗議集会が開かれました。それはコザ騒動が起こる、わずか半日前の出来事でした。

拡大する騒動

12月20日未明、アメリカ兵が住民をはねた事故の後、現場に集まり、憲兵に抗議をしていた人たちの中に、国道を走ってきた別のアメリカ兵の車が突っ込みました。群集が騒ぎ出したのに対し、憲兵は拳銃を空に向けて発砲しました。8発とも30発とも言われるこの威嚇発砲が、たまり続けていた沖縄の怒りをあふれださせました。人々は憲兵の車をひっくり返し、火をつけ始めました。さらに、別の車両にも次々に火を放ちました。

当時撮影したフィルムには、次のような訴えの声が収録されています。

「事故を起こした加害者のアメリカ人が、沖縄人をひき殺して逃げようとしたところ、MPが沖縄人の、アメリカ人を追跡した車にピストルを10発以上発射して、あわや沖縄人は死んだかもしれない」

●コザ騒動。車両が炎上する

市民たちは、アメリカ軍関係者の車にだけ狙いをつけました。彼らの目印になったのが、黄色いナンバープレートでした。騒動の発端を目撃した浦崎さんも、群集の中に加わり、イエローナンバーに怒りをぶつけていったと言います。

「黄色ナンバーの車だけを燃やしました。白い（ナンバーの）車を燃やそうとしたら、みんなが止めて、黄色い車だけだよということで」

いったい、どれほどの市民が騒動に参加したのか。沖縄市史編纂室の恩河尚《たかし》さんは、アメリカ公文書館を訪ね、軍の諜報機関などがまとめた報告書を入手しました。そこには、当時の市民の様子が詳細に記されていました。

「群集は、野次や指笛を鳴らし始めた」
「ワッショイ、ワッショイと騒ぎ立てた」

発生当初50人ほどだった群衆の数が、わずか1時間で、およそ7千人にまで膨れ上がったと記されています。

アメリカ軍への怒りを一気に爆発させた市民は、大きく二手に分かれました。一方は、嘉手納基地へ。もう一方は、アメリカ軍の将校住宅があるプラザハウスの方へ向かいました。

プラザハウスの手前で警備にあたっていたのは、琉球警察の喜友名朝順警部補。当時32歳で、嘉手納署の警備係長をしていました。今回初めて、騒動を取り締まる側だった者として本音を語ってくれました。

「私も警察官でなければ、騒動に参加していたかもしれません。ウチナー口で言う、シタイヒャー（よくやった）ですよ。我々の溜飲を下げるような役割を果したんじゃないですかねぇ」

一方、嘉手納基地へと向かった群衆の数は、およそ２００人。その中には、普段、アメリカ兵と親しい関係にあった人も少なくありませんでした。

当時、ロックバンドを率いていた喜屋武幸雄さんも、そのひとりです。本場のアメリカンロックが早くから根付いていたコザですが、中でも、激しい演奏で知られていた喜屋武さんのバンドは、基地の中にも招かれるほどの人気でした。

しかし、実は喜屋武さんもまた、アメリカ兵による交通事故で親族を失うという辛い経験を

●当時の様子を語る喜屋武さん

していたと言います。

「１９６１年くらいに、おばあちゃんがアメリカさんの車にひき殺されて、ひいた奴はキャンプハンセンに逃げ込んだ。そんなことあり？　冗談じゃないでしょ。やっぱりアメリカっていうのは嫌だなって思いましたよ」

アメリカ兵に対する怒りを抱えながらも、彼らのお金で食べていかなければならないという矛盾を抱えていた喜屋武さん。その夜イエローナンバーの車から立ちのぼる炎を目にした時、心にたまっていたわだかまりが、突如あふれだしました。ゲート通りを突き進んでいき、嘉手納基地の第2ゲートを突破。基地内のイエローナンバーの車を次々に破壊していったのです。

沖縄人を人間として認めろ！

「沖縄どうしたらいいのか。沖縄人も人間じゃないか、

●ジャーナリスト・森口豁さん

ばかやろー。この沖縄人の涙、わかるか、おまえらは。これ国際問題にして、沖縄人を人間として認めさせなきゃいけない」

コザ騒動を撮影した映像には、こんな叫びのような市民の声も収録されています。この映像・音声を収録したのは、ジャーナリストの森口豁《かつ》さんです。当時の雰囲気を次のように語ってくれました。

「沖縄の人たちの人権を全く認めない軍政に対し、それまで色々な形で訴えてきたけれど、ことごとくそれが裏切られていくことに、皆もう無力感を感じていました。言葉が無力と知ったときに、じゃあどういう方法があるか、実力しかない、それがまさにコザ騒動だったと思います。車を引っ張り出して火を放って踊っている人も、騒ぎを取り巻いている人たちも、屈辱・怨念を晴らしたい、そういう空気が漂っていました」

なぜ一夜限りで終わり？

数千人もの市民が参加した、このコザ騒動ですが、事件は一晩で終わりを告げます。それは何故だったのでしょうか？

沖縄市の中心街にあるパークアベニューは、40年前、センター通りと呼ばれ、アメリカ兵相手の商売を許された印「Aサイン」を掲げた店が、軒を連ねていました。その経営者のひとりが沢岻政輝さん（71）です。沢岻さんはある表彰状を大切に保管しています。事件の夜、通りに停めてあったアメリカ兵の車両を隠し、焼き打ちから守ったことに対し、「身の危険を顧みず、身体を張って危機から救った」と、センター通り会の会長から表彰を受けたのです。

「自分の生活の場を守らなきゃいけないという純粋な気持ちが、まず第一にありました。コザの町というのは、アメリカ兵と軍属がいて出来たようなもの。アメリカよ出て行けとはいえないのが、沖縄の一番悲しいところです」

ベトナム戦争のさなか、町は若いアメリカ兵たちであふれかえっていました。いつ死ぬともわからない中で、多くの兵士たちが有り金をすべてコザの町に落としていきました。ベトナム

●コザ騒動でもらった表彰状

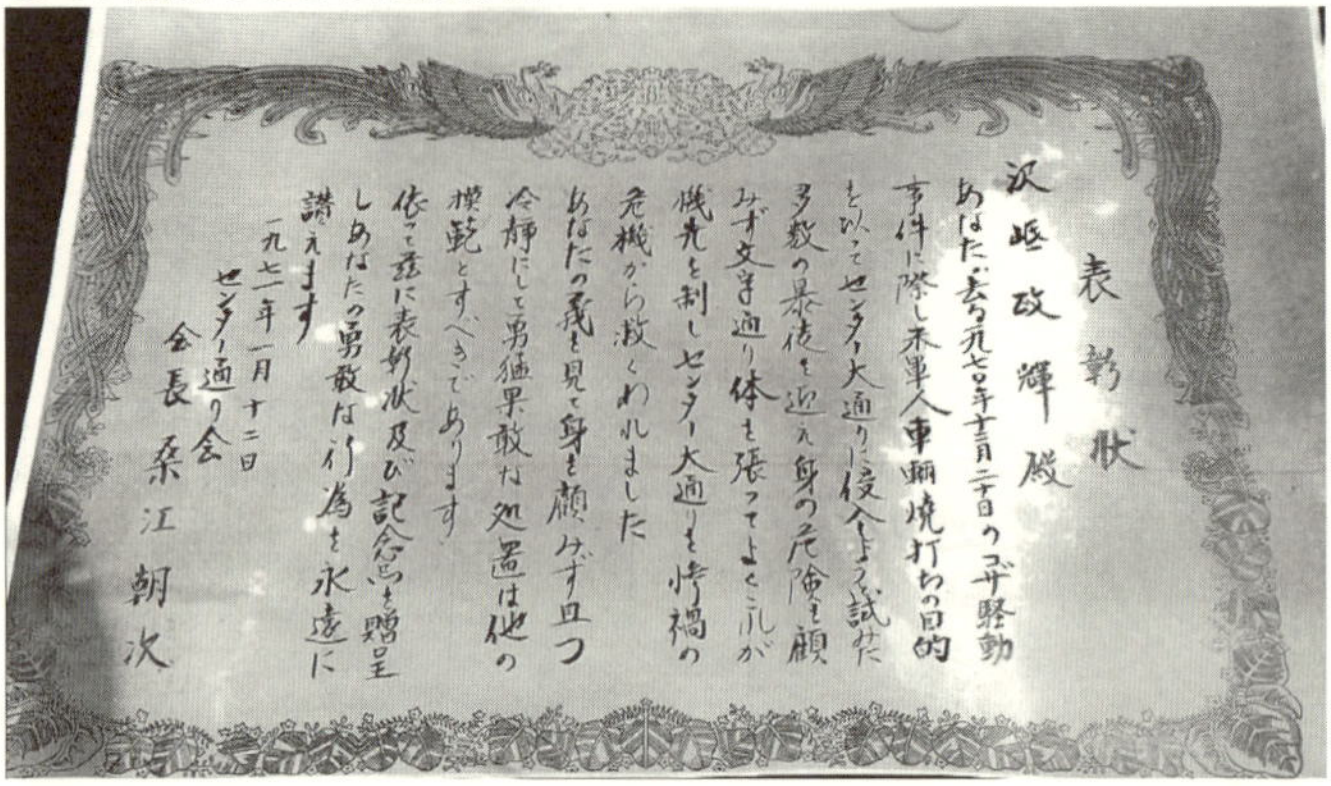
表彰状
沢岻政輝殿
あなたは去る一九七〇年十二月二十日のコザ騒動事件に際し米軍人車輌焼打ちの目的をもってセンター大通りに侵入しようと試みた多数の暴徒を迎え身の危険を顧みず文字通り体を張ってよくこれが機先を制しセンター大通りを惨禍の危機から救くわれました
あなたの義を見て身を顧みず立つ冷静にして勇猛果敢な処置は他の模範とすべきであります
依って茲に表彰状及び記念品を贈呈しあなたの勇敢な行為を永遠に讃えます
一九七一年一月十二日
センター通り会
会長 桑江朝次

戦争が泥沼化する中、暴力や乱闘を繰り返す兵士たち。しかし、そんなアメリカ兵さえも、店にとっては、生活費を稼ぐ大切な客でした。沢紙さんは、わだかまりを抱えながら、耐え忍ぶ日々が続いたと言います。

「結局は日本の文化も沖縄の文化も分からない連中が土足で沖縄に入ってきて、ウチナーンチュをバカにしているんです。そりゃワジワジしていましたよ。ワジらない人なんて、いなかったんじゃないですか？　しかしそういった気持ちはあるけど、ビジネスはビジネス、それはそれとして、戦後やっていたのも、事実なんです」

事件の夜、群集の一部は、アメリカ兵の車を狙って、センター通りにも向かってきました。沢紙さんは、通りに停めてあったイエローナンバーの車を隠し、押し寄せる群集の前に手を広げて立ちはだかったのです。

●コザ騒動を鎮圧する米軍

アメリカ軍も本格的な鎮圧行動に

同じころ、騒ぎを続けていた群集に対し、アメリカ軍の武装兵40人と憲兵隊265人が立ちはだかりました。午前5時30分には11発の催涙ガスが発射されます。それは、ベトナム戦争でも使用されていたものでした。

反撃に転じたアメリカ軍の圧倒的な力、そして基地に反発しながらも、アメリカ軍に抗いきれない沖縄の抱える矛盾の中で、「市民たちの怒り」は失速、コザ騒動は発生からおよそ6時間で幕を閉じることになります。

騒動の後、コザの市民には厳しい現実が突き付けられました。事件が起きた日の夕方、アメリカ民政府のランパード高等弁務官は、次のような声明を発表しました。

「このような〝暴動〟の起こる社会は、ジャングルの

世界そのものであり、この状況は、復帰準備を阻害するばかりか、毒ガス撤去計画の中止をも余儀なくするものである」

翌年には国外へ撤去する予定になっていた毒ガス兵器の計画の見直しも示唆するアメリカ側。さらに、町の経済に打撃となる施策を次々と実行していきます。事件の翌日、基地の中で働く労働者3000人を解雇すると発表。兵士たちに、コザの町への立ち入りを禁止する「オフ・リミッツ」も発令し、町は活気を失っていくことになります。

【ゲスト・吉岡攻さん（ジャーナリスト）**のお話】**

コザ騒動は「一夜だけで終息した」ことが、皮肉にも基地に依存するコザという町の限界を表していた。アメリカが驚いたのは「米軍に最も寛容であったはずのコザの町で騒動が起きた」ということではないか。「アメとムチ」政策に限界があるということを、コザ騒動は物語っている。

【ゲスト・目取真俊さん（芥川賞作家）**のお話】**

この夜に放たれた火は今も沖縄にくすぶっている。米軍人による犯罪が起こるたび、今もなおウチナーンチュの心にある火はくすぶり出す。ウチナーンチュが明確な意思表示をしたという点でコザ騒動は評価できる。「ウチナーンチュも人間じゃないか」という叫びは、若い人も含めて知ってほしい。

（2010年12月24日放送　ディレクター小川康之）

日米地位協定の壁

沖縄では、「日米地位協定」を変え、基地による被害を少しでも減らしてほしいという声が、高まっています。

しかし締結から半世紀以上もたった今まで、協定は、一文字も改定されたことがありません。

どうして「日米地位協定」は変わらないのだろう。

そもそもなぜそんな協定が必要なのだろう。

戦後、軍は沖縄に基地を建設し、沖縄が本土に復帰した後も「日米安全保障条約」により、基地は沖縄にあり続けています。

（写真は金武町でナンバープレートを打ち抜いた米軍の銃弾のレプリカ）

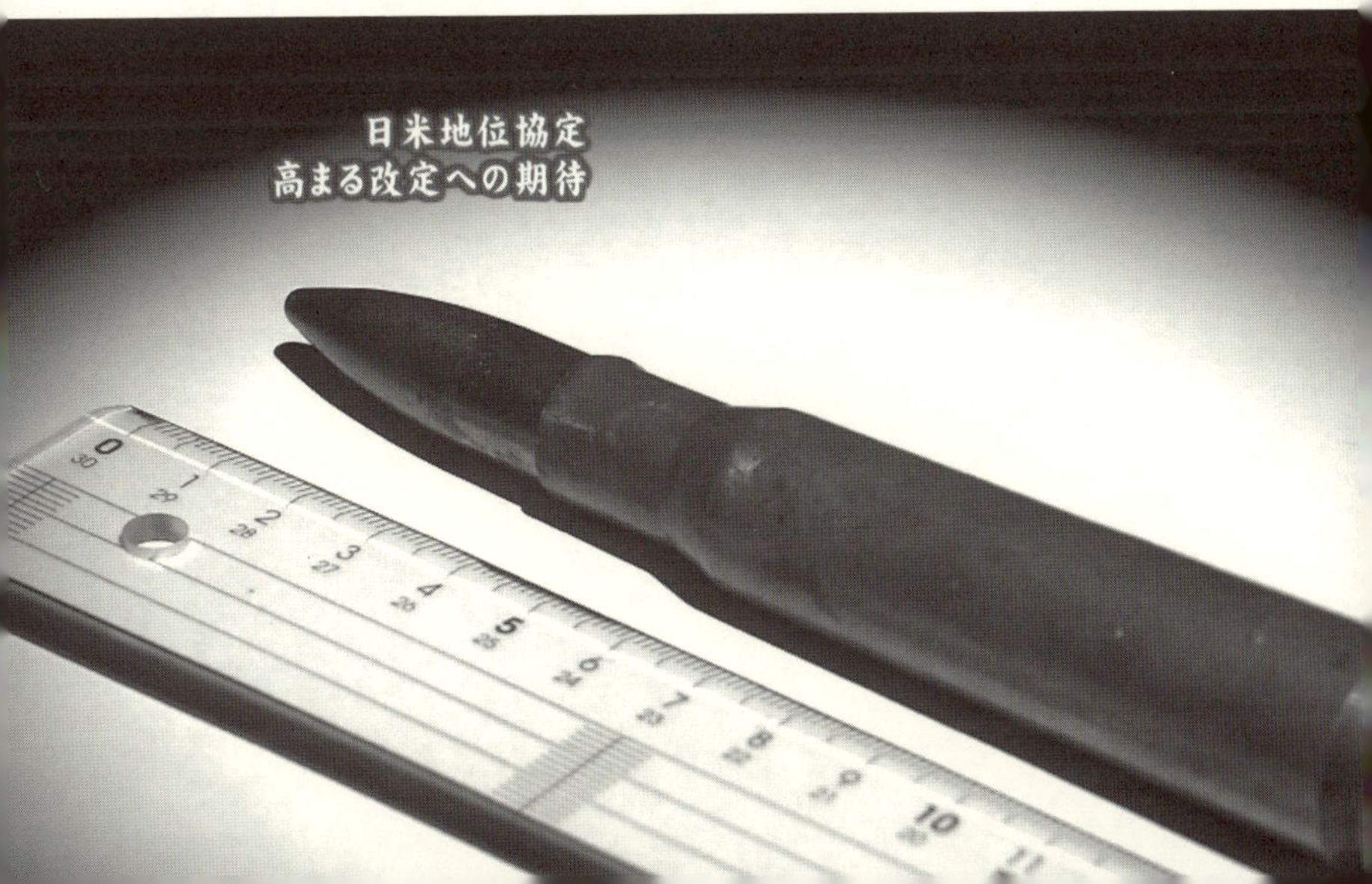

●金武町で行われた地位協定を考えるシンポジウム

２００９年11月に読谷村で「ひき逃げ死亡事件」が発生しました。亡くなったのは66歳の男性。アメリカ軍は重要参考人として、陸軍の兵士を基地内で拘束しました。兵士は一旦、警察の任意の事情聴取に応じましたが、その後の聴取には応じませんでした。それは日米地位協定に基づくものとされました。このように日米地位協定は沖縄の人の権利の妨げになっています。被害を受けたのにも関わらず、真実が明らかにされない苦痛を、被害者やその家族はさらに受けるという理不尽さは、変えられないのでしょうか？

アメリカを守る地位協定

読谷村で事件の起きたのとちょうど同じ日、金武町で日米地位協定を考えるシンポジウムが開かれました。金武町の面積の6割近くを占めるキャンプハンセンの中には、いくつもの実弾射撃場があり、近隣の住宅地では流れ弾の被害に苦しんできたことが報告されました。前年12月には、民家に泊めてあった車のナンバープレートが打ち抜かれる事件が発生しました。警察は、基地内への立ち入り調査を求めましたが、事件発生から一年近く経つまで、実現しませんでした。このように日本側が自由に立ち入りできない根拠となっているのが日米地位協定です。「基地の中では、アメリカ側は必要な全ての措置を執ることができる」とされているからです。「公共の安全に考慮すること」と言う定めもありますが、基本的には、アメリカ軍の裁量次第です。地位協定研究の第一人者、法政大学名誉教授の本間浩さんはこう指摘します。

「アメリカ軍は日本に駐留中に事故を起こすはずはないという考え方があります。ですから事故が起こるかも知れないと言う規定は認めていないままになっているのですね」

アメリカ軍をいわば「守る」日米地位協定が、大きな批判にさらされたのは、１９９５年のことです。当時、少女暴行事件の容疑者である米軍兵士３人の身柄が、起訴まで日本側に引き渡されなかった事に、県民の怒りは爆発しました。その抗議行動は全県的なうねりとなり、その後、地位協定見直しと米軍基地の整理・縮小を求める「沖縄県民総決起大会」になっていきます。

これを受け、日米両政府は、地位協定の「日本側が公訴を提起するまでは、アメリカ側が容

●黒塗りされた事故確認書

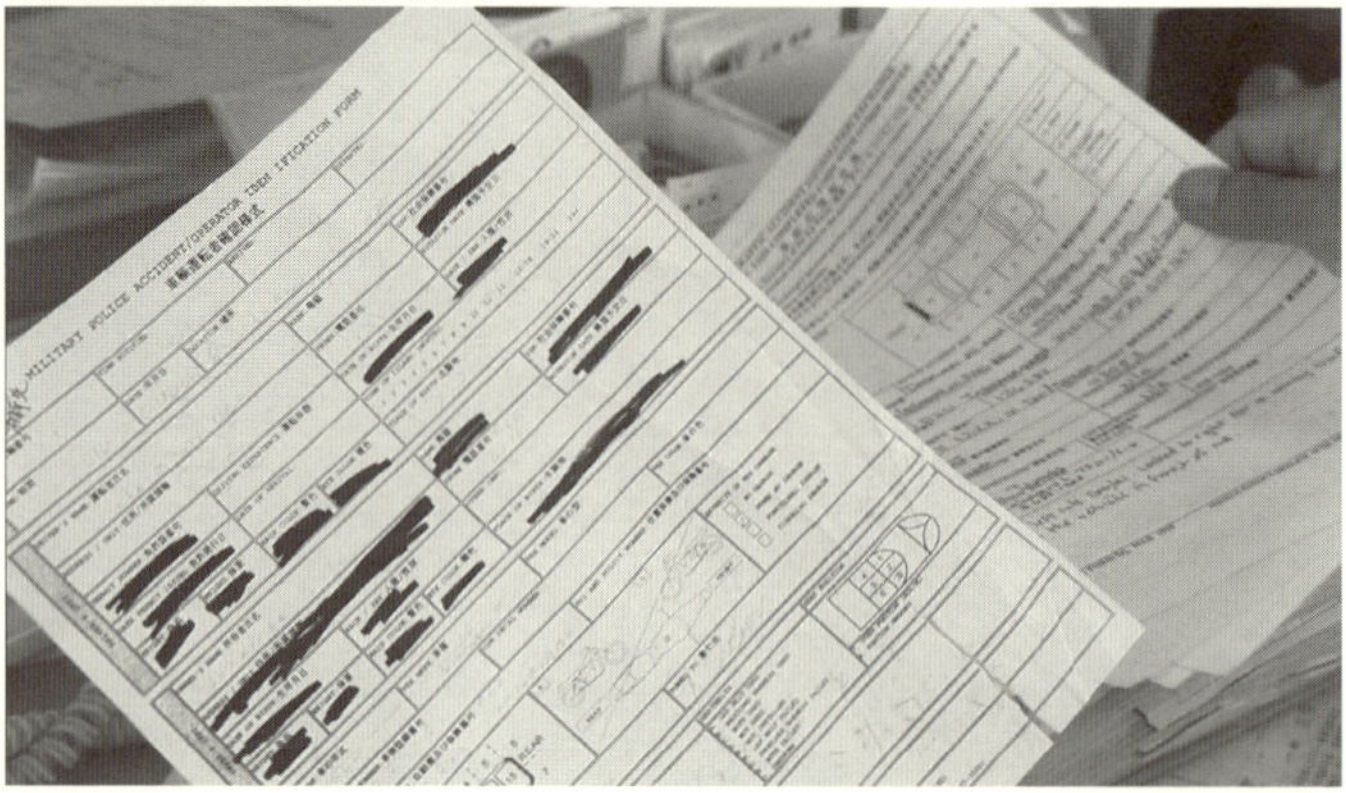

疑者の身柄を拘束できる」としている条項を変えられないか、協議を始めました。しかし結論は、「地位協定の改定はせずに、運用を見直す」というもの。殺人や強姦など凶悪な犯罪の場合は、起訴前でも身柄引き渡しに「好意的な考慮を払う」という合意を交わしたのです。

「自民党政権の場合には、地位協定をなるべく現状のまま維持することが基本でした。運用の改善、要するに、アメリカ側に判断をゆだね、好意的判断によって、解決を目指すというやり方であったわけです」（本間名誉教授）

しかし、地位協定そのものの見直しが必要だという指摘も強くあります。沖縄市で、アメリカ軍基地による被害の弁護を長く担当してきた新垣勉弁護士はこう話します。

「あくまでもアメリカの好意的な配慮に基づいて引き渡しを受けるということにしていると、やはり地位協定を特権と考え、それを盾に引き渡さないこともできるわけですね。そんなことをさせないために、私たちはずっと

抜本的な地位協定の見直しと言うことを要求しているわけです」

地位協定の改定を求める弁護士の新垣さんですが、実際には非常に難しいとも感じています。その理由としてあげるのが、容疑者の取り調べや人権に対する日米間の大きな認識のギャップです。読谷のひき逃げ事件で容疑者とされた兵士の弁護士は、日本の司法制度への不信を表明しました。「日本の警察は意図と違う内容を記録に残している」などとして、事情聴取の内容を全て録画する、いわゆる可視化など、人権上の配慮をするよう求めたのです。

「こういう容疑者の権利というのはアメリカ憲法でアメリカ国民に保証されている権利なんですね。日本では容疑者に認められている権利がきわめて不十分だと映っているんです」

（新垣勉弁護士）

日米間の司法制度の違い、人権意識の違いも、地位協定の抜本的な改定の障害になっているのです。

アメリカは補償義務を負わない？

地位協定というと、事件・事故のことに注目が集まりがちですが、それ以外にも不平等性が問題になっているのが、基地とその周辺の環境問題です。

●北谷町の返還地で見つかった機銃弾とロケット弾

北谷町の桑江・伊平地区は、かつてアメリカ海兵隊の基地でしたが、平成15年3月に返還、町による区画整理事業が進められています。しかし、大きな障害になっているものがあります。住宅地などを造成しているこの地区には、周囲の土と比べて、黒く変色した土の山があります。これはアメリカ軍が残したタンクから燃料が漏れ、染みこんだものとみられています。しばらく野ざらしにして匂いを飛ばしたあと、石灰を混ぜて中和する作業を行うのです。

この地区からは他にも、アメリカ軍の残した弾薬や不発弾などが60カ所以上から見つかりました。油や鉛、ヒ素など土壌汚染の処理費用はこの地区だけで2億8千万円以上、全額国が負担しますが、処理が行われるたびに、区画整理の計画に遅れが出てしまいます。

なぜこうしたいわば厄介者が基地の跡地に残されるのか。日米地位協定では「アメリカは使用した土地の原状回復や補償の義務を負わない」と、されています。

「アメリカ軍の後始末を国、市町村がやっているわけです。これでは基地が返還された後も、基地被害が続いているのと一緒です。このため跡地利用がきちっとできず、地権者や町民の不利益につながっているのです」

（北谷町総務部主幹の照屋一博さん）

返還後ではなく、現在使用中のアメリカ軍基地でおこる環境被害も深刻です。

２００９年３月、沖縄防衛局から宜野湾市に「2日前、普天間基地で７５０リットルのジェット燃料漏れ事故があった」という連絡が入りました。市の基地政策部係長の津波古良幸さんは、燃料が基地の外に流れ出していないか確認に向かいました。

「なぜもっと早く連絡してくれないのかと思うんですね。市民の健康や農作物に与える影響が懸念されるのですから」

普天間基地に隣接し、県内有数の田芋の生産地の大山地区に向かった津波古さんは、基地内から流れてくる湧き水に油が混ざっていないことをすぐに確認する一方、アメリカ軍に対し、「基地内ですぐに立ち入り調査をしたい」と申し入れました。しかし、調査が認められたのは事故から10日後のことでした。アメリカ軍側は「適切な処理を行った」と説明し、市側が求めた、土壌のサンプル採取はおろか、基地内で写真一枚取ることすら許可しませんでした。

「市の立場ではどうしようもならないという現実があって、制度的に非常におかしい、悔しいと思います。もう少しオープンな対応をしていただきたいと思います」

宜野湾市が基地によるとする環境被害は、本土復帰以降、記録に残っているだけで50回以上にのぼります。立ち入り調査が認められるケースもありますが、中には申し入れに対する返答がない場合もあると言うことです。

【ゲスト 仲地博さん（沖縄大学教授・行政学）のお話】

アメリカは、特権を認められているわけですから、変えたくないのは当然です。またアメリカは世界に軍を派遣しているので、もし日本で地位協定を変えたら、他の国と結んでいる協定も変えなければならなくなることを懸念しているのです。だから運用改善でお茶を濁そうと言うことになってしまう。一方で日本はアメリカに遠慮するばかりで、これまで地位協定の改定を強く求めてきませんでした。環境に対する条項が不十分なのは、日米地位協定ができた半世紀前は、環境に対する認識が今より乏しかったことも原因でしょう。その後、環境権が叫ばれ、様々な法律もできたのに、地位協定は変わらなかったことからも、いかに地位協定が時代遅れかを象徴しています。韓国では環境特別協定が締結されており、日米でも前進すべきと思います。

（２００９年11月20日放送　ディレクター米山史朗・記者須田正紀）

基地返還！　ドイツに学べ

沖縄の将来を探りたい「きんくる」では、必要であれば時に海外にも取材にでかけています。今回は初めてヨーロッパ、ドイツを訪れました。

ビールのように泡盛を世界ではやらせようという取材、ではなくて、実は最近急ピッチで進んでいるアメリカ軍基地の返還と再開発について現場を見てみよう、そして、同じく米軍基地の返還問題で多くの課題を抱える沖縄にとって、何か手がかりが見つかれば、という取材でした。

今、ドイツは基地跡地が大人気なんだそうです！

（写真は返還されたドイツの米軍基地跡）

●米軍基地があったバート・クロイツナッハ

“基地返還”が
街を変える
1951年 街にできたアメリカ陸軍基地

ひっぱりだこ、基地跡地が大人気

フランクフルトから車で1時間半、バート・クロイツナッハは人口5万、温泉の保養地として有名な小さな街です。郊外に広がるのは、真新しい商業地域。大型のホームセンターや木材の加工場が立ち並びますが、実は元々はアメリカ陸軍の基地だった場所で、返還からわずか10年で生まれ変わりました。

この街でアメリカ軍の駐留が始まったのは1951年、一時は1万人の兵士が駐留していた基地の街でした。しかし1990年以降、冷戦の崩壊によりドイツからアメリカ軍が次々と撤退。バート・クロイツナッハの基地も全面返還されました。その後、多くの企業が進出してきました。取材したIT企業では、市内に住む若者など30名ほどが働いていました。社長は「市の中心にあるにも関わらず、広い土地を確保できるなんて、昔基地だった所でしかありえません。後に続く企業も多いと聞いています」とホクホク顔でした。

今ドイツではこのように基地の跡地は企業からひっぱりだこです。自治体が開いた、跡地を販売するための説明会を取材することができました。

大手の不動産会社など100社近くが参加、実際に跡地を見て回り、立地や広さなどを確認します。この日、売りに出されていたのは司令部や兵士たちが住んでいた地区など、5カ所です。まとまった広さの土地を比較的安い価格で購入できるため、高い人気を集めています。

不動産会社を経営するアルブレヒト・クレーブスさんは、基地の跡地を50億円で購入、アメリカ軍兵士の住居を改装し、新たな住宅として売り出しています。3LDK80平方メートルのマンションで1300万円ほど。初期費用が抑えられるため、販売価格を安く設定できると言います。フランクフルトのベッドタウンという立地の良さもあり、すでに全体の7割以上が売れました。

スムーズに進む跡地計画

基地の跡地利用が急ピッチで進む背景には、事前に作られた綿密な再開発計画があります。

●米軍基地返還再開発ワーキンググループ

連邦政府などの支援で運営されている跡地利用のコンサルティング機関「ボン国際転用センター」は、これまで基地が返還される自治体およそ400の相談にのってきました。

最近では、基地の施設をそのまま使うことも多いといいます。元は弾薬庫だった場所を、温度と湿度が一定に保たれる特性を生かし、マッシュルーム栽培場として利用したり、かつての飛行場に、広大な面積を活かして鉄道の線路を敷設、電車の試験走行場に生まれ変わらせた例もあるそうです。

沖縄で再開発が遅れる原因として、返還後に土壌などの汚染が見つかったり、その際、アメリカ軍が土地をどのように使っていたか、自治体に情報が公開されないと現実を指摘する声が多いのですが、ドイツでも、こうした問題が起きているのでしょうか。

2年前、アメリカ陸軍の基地が全面返還されたフランクフルト近郊のハーナウ市は、街の面積のおよそ1割、340ヘクタールが返還され、既にあちこちでは工事が進んでいます。

●弾薬庫から競走馬の練習場へ

米軍からの徹底した情報公開

こうしたスムーズな開発を可能にしているのが、アメリカ軍からの情報公開です。ショッピングセンターが作られることになっている土地は、基地が返還される前、戦車を洗う場所だったという情報をアメリカ軍から得ることができたため、汚染が残っていないか環境調査を行うことにしました。

市ではこうした資料を市内にある専用の公文書館に保存しています。返還された基地の詳細な地図や建物の設計図を、申請すれば誰でも自由に閲覧できます。こうしたアメリカ軍からの徹底した情報提供が、スムーズな再開発を可能にしているのです。

ドイツでこの20年間で返還された基地の跡地は23000ヘクタール、今沖縄にある基地に匹敵する広さの土地が返ってきたことになります。これだけの土地が返ってくると、多

●情報公開されている米軍兵舎設計図

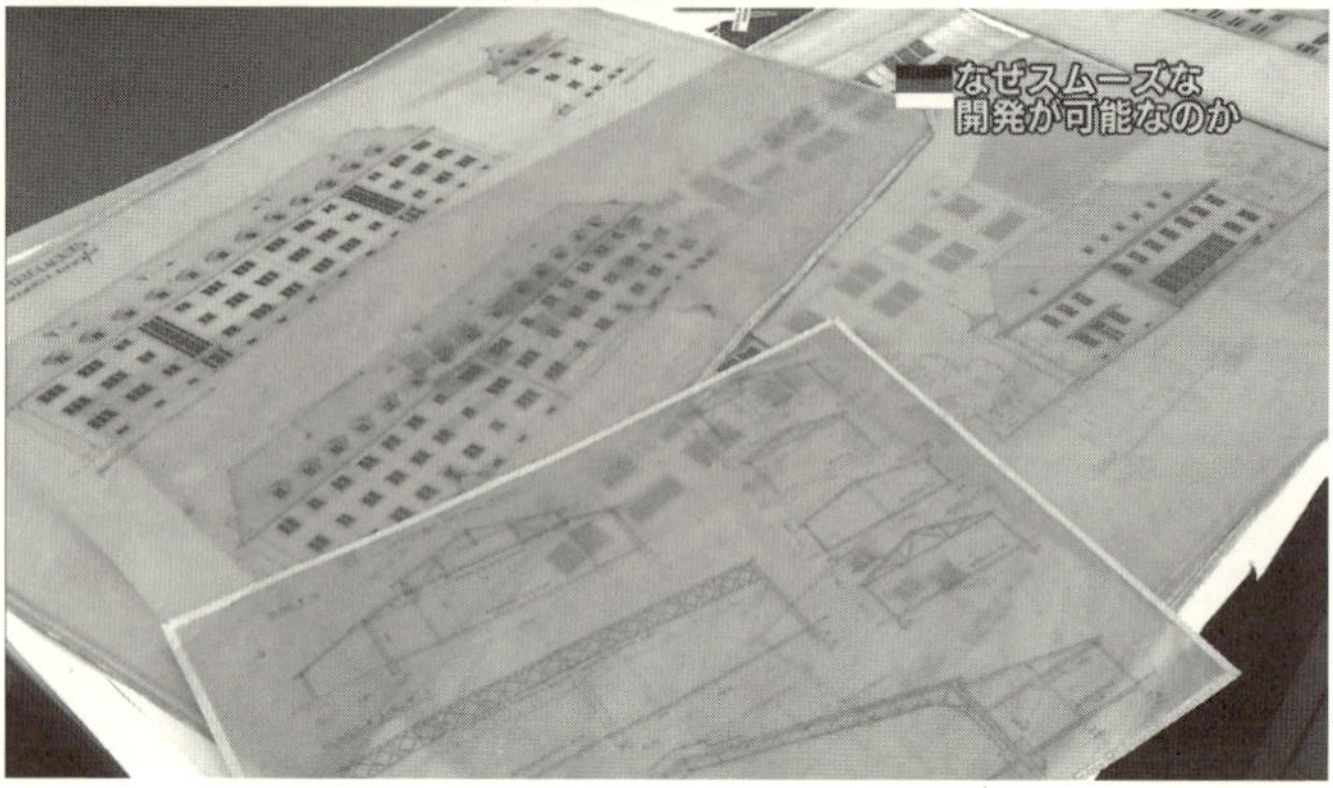

くの基地従業員の仕事が無くなるという影響もありますが、ドイツでは市が中心になって、米軍も費用負担をしながら、再雇用のための職業訓練や仕事の斡旋も手厚く行っています。

さらに国は、自治体による再開発を全面的支援する体制を整えています。再開発のためのワーキンググループには、市の職員に混じり国の担当者もメンバーとして加わり、企業との交渉窓口となり、開発の主体である市を支援するのです。

【ゲスト 池田孝之さん（琉球大学教授・都市工学）のお話】

沖縄では基地返還から再開発まで平均して15年かかるのですが、ドイツではそれが5年と全然違います。これは沖縄が離島であるのに比べ、ドイツでは基地がもともと大陸の中の、交通の要衝にあったので、商業地に代わっても立地が良い場所になり、再利用が進みやすいのです。さらにドイツで返還された土地は公有地が多いのに対し、沖縄の

●返還が待たれる広大な普天間基地

場合は民有地がほとんどで、地権者が何百人から何千人もいて、合意形成がとても大変なんです。またドイツでは冷静構造の崩壊と共に、一気に基地が返還されましたが、沖縄では基地がひとつひとつ、しかも移設を条件にしながら返るケースが多いので、移設先が整わないと返還が動かないこともしばしばです。ドイツでは市に全ての権限が委譲され、国がバックアップするのですが、日本では地主会などにも気を遣って、誰がリーダーなのか、分からない状況が多いのが問題と思います。しかし最近は将来の町づくりを考える若い人たちが議論に加わるようになってくるなど、頼もしい動きも出てきています。

（2010年7月9日放送　ディレクター村瀬香菜子）

ＨＹ「時をこえ」誕生秘話

うるま市勝連東《ひがし》屋《や》慶《け》名《な》出身の「ＨＹ」は、僕も大好きなロックバンド。沖縄若者の誇りだよねー。バンドの名前が実は自分たちのシマの名前「東屋慶名」というところが、信ちゃん的にはばっちりなのだ。

中学・高校の同級生5人が結成してから12年、1万人規模の全国でツアーを繰り広げ、代表曲「366日」が携帯配信サイトで年間1位を獲得したり、全国の若者に大人気。

そんな彼らが、2009年、「時をこえ」という歌をつくりました。それには、沖縄、そして平和に対する熱い思いがあったんだって。

（写真は北谷ミハマでのＨＹのライブ）

●仲宗根泉さんとおばぁさんの花城千代さん

おばぁの歴史を歌にしたい

昔の話を聞いたのさ　自由な恋すら許されず
おばぁーは泣く泣く嫁いだよ　あの人に別れも告げぬまま

（「時をこえ」作詞　仲宗根泉）

「時をこえ」の歌詞は、キーボードの仲宗根泉さんとおばぁ花城千代さん(77)との触れ合いから生まれました。両親が忙しかった時に千代さんは、いつも泉さんの面倒をいつもみてくれ、昔話を沢山話してくれました。そんなおばぁの歩んできた歴史を、歌に残したい、そんな気持ちが、いつの日からか泉さんにはありました。

沖縄戦が始まったのは千代さんが12歳の時。防空壕でアメリカ軍に見つかり、捕虜になりました。父親は戦場に行ったまま帰ってきませんでした。港に入ってくる船を待ちわびる毎日でした。

「諦めきれなくて、いつかひょっこり帰ってくるんじゃないかと思っていたよ。しかしとうとう死亡公報が送られてきて、この時にもう……。お父さんの分までも、自分は長生きしていこうという気持ちになって、どんな苦しいことがあっても、命を大事にしてやっていけば、後は良い世がくるさぁねって」

泉さんは、身近なおばぁから聞く戦争の悲劇に向き合っていました。

「おばぁからは『命があれば何でも出来る。どこからでもはい上がってこれる。だけど、一旦なくした命は絶対戻らない』ということを言われていました。命を粗末にするなっていうことをすごく伝えたかったんです」

他のメンバーも、家族から沖縄戦の話を聞いてきました。ギターの宮里悠平さんのおばぁは、当時、師範学校に通っていました。一緒に寮にいた先輩はみな、ひめゆり学徒隊として戦地に赴いたそうです。

「いつ死んでも良いという気持ちだったの。死ぬの恐くなかったもの。そうとしか教えられていなかったから。皆、戦死してうらやましいと思っていたよ。でももし戦場に行って

●宮里悠平さんとおばぁたち

いたら、今はこんな風にしてられなかったし。でも生きてて良かったよ、たくさん孫もできたしね」

宮里さんは、初めて聞くおばぁの話に聞き入っていました。

「おばぁがいなかったら俺もいなかったし。おばぁたちが頑張ってきたから今、自分達もいるなあって感謝の気持ちが沸いてきます」

こうしたメンバーとおじぃ・おばぁとの対話から「時をこえ」の歌詞は生み出されたのです。

昔の話を聞いたのさ
火の粉が雨のように降る
おばぁーはとにかく走ったよ　あの人の命を気にかけて

（「時をこえ」）

●ＨＹ「時をこえ」レコーディング風景

様々な思いを歌にこめる

歌にこめたのは、大切な人と別れることになった沖縄戦の悲惨さ。そして、沖縄の人が家族を愛する心、命への思い。「命どぅ宝」もメンバーが一番こだわった言葉でした。

おじぃ・おばぁの想いを伝えるためレコーディングも徹底的にこだわったメンバーたちは、エイサーを歌に加えることにしました。エイサーは、お年寄りから子供まで沖縄の「魂」を感じる大切な伝統行事。メンバーも子供の頃から見て、体験してきました。ドン、ドンという、太鼓の響きで命の重さを表現したいと曲に入れることにしたのです。

「太鼓の響きの重さを知って欲しい。それは心臓の重さでもあるし、平和への重さだったり、一人ひとりのバトンなんですよね」

（仲宗根泉さん）

「皆でひとつになって太鼓を叩くというのが胸に来る。生きる強さを出したい、確実にこの曲に合っていると思いましたので」

（ドラム担当・名嘉俊さん）

さらに2ヶ月後。泉さんが、誰も想像しなかったことを言い出しました。「外国人のコーラスを加えたい」という意見にメンバーは衝撃を受けました。

「なんで争っていた相手側なのに入れるんだろうって、素直にちょっと思いましたね」

（ボーカル・ギター担当・新里英之さん）

「反対でした、正直。こういう曲だし、実際合うのかなって思って」

（ベース担当・許田信介さん）

「超反対しました。沖縄の人、おじぃおばぁから絶対批判来るよって言って」

（ドラム担当・名嘉俊さん）

お互いを尊重して活動してきたＨＹにとって、意見の対立は大変珍しいことでしたが、泉さんには譲れない思いがありました。

「命の大切さって沖縄の人だけが感じるものなの？　日本の人だけが感じるものなの？

いや違うでしょ。世界で共通するものであるし、戦争を体験してきたおじぃおばぁがすぐ隣にいる私たちだからこそ、国籍や肌の色が違う人たちと一緒になるということを、自分たちこそがやらないといけないいんじゃないか。戦争を経験していない私たちだからこそ、平和に向けてやらないといけないいんじゃないかって思ったんですよね」

過去と向き合いながらも未来に繋がる歌にしたい。悩みながら、議論しながら作り上げた「時をこえ」を初めて観客の前で演奏することになったのは、２００９年９月、高校時代からストリートライブを続けてきたＨＹの原点、北谷。新里さんは歌う前に次のように２万人の観客に語りかけました。

「外国の方に手伝ってもらって、英語の歌詞を入れました。なんで沖縄の歌なのに英語入れるのと思う人もいるかもしれませんが、そうじゃなくて、同じ人間なんだか

●北谷・ミハマのライブに集まった観衆

ら、未来にむけて助け合って行こうよという気持ちが込められています」

Let's walk in Peace Together
Join hands well stand Forever
Respecting All the Earth
Trust and Honesty
Love and Family

外国人コーラスと一緒に「時をこえて」を歌ったメンバーたちは、苦労して作り上げた「時をこえ」を沖縄の人たちに披露できた喜びをかみしめていました。

「無事に歌い終わった時にはなんか熱く来るものがありましたね。おばぁ、聞いている？　みたいな」

（仲宗根泉さん）

広がる〝命どぅ宝〟のメッセージ

北谷での初披露から半年、「時をこえ」を収録したCDが全国発売、全ての都道府県を回るツアーも始まりました。162本、すべての最後に必ず「時をこえ」を歌いました。歌の前、新里さんは歌にこめられた思いを次のように語りかけました。

「沖縄の歴史、そして命の大切さというものを皆で気づいて行けたら良いなあという歌です」

5人の「伝えなきゃ」という真剣な思いに、戦争を知らない若い世代のお客さんの表情も少しずつ変わっていきました。若い観客たちはこんな風に感想を教えてくれました。

「戦争とか、そんなに考えることもなかったけど、もう一度考えるきっかけになりました」

「自分たちが平和に暮らしているのが当たり前じゃないんだとか。おじいちゃん、おばぁちゃんが辛い思いをしてきたからこそ、いま自分たちがいるんだなって」

ツアー31本目の山口県周南。いつものように大盛況でライブを終え、メンバーが楽屋に戻る

●清水さんの体験者からの聞き取りの様子

と、「時をこえ」に感動したというファンから1通の手紙が届いていました。「時をこえ」がきっかけで、子ども達に戦争の証言を伝えていく研究会に参加しているという内容でした。

手紙を送った、清水かすみさんは、小学校の先生を目指す大学1年生。2010年6月、清水さんは「時をこえ」で描かれていた戦争を学びたいと、沖縄を訪れました。

「『時をこえ』を最初に聴いた時にホントに衝撃的で涙が止まらなくて。命の尊さだったり〈命どぅ宝の言葉こそ忘れちゃいけないもの〉ということをもっと伝えていかないといけないと思いました」

清水さんは南城市の公民館で地元の老人クラブの協力で戦争を体験した人たちの話を聞きました。その後、南風原にある壕も勉強のために訪れ、戦争を学ぶことの難しさと意義を強く感じていました。

「自分を変えてくれたのは、そもそもＨＹだったんで。『時をこえ』を聴いて戦争に関心を持って、今動けているのがＨＹのおかげなので。将来、絶対小学校の先生になって、誰よりも命の尊さや戦争の恐ろしさを伝えていければいいなと思っています」

「時をこえ」がきっかけでひとりの大学生が新たな夢へと歩みを進めています。

（２０１０年９月３日放送　ディレクター山崎隆博）

〈復帰〉運動の真実

沖縄人の人権を

【スペシャル鼎談】
40年後の「反復帰論」

新川明
上江洌清作（モンゴル800）
津波信一

〈復帰〉運動の真実

２０１２年は復帰から40年、復帰の前の年に生まれた僕は、もちろん全く記憶にはないんですが、復帰って沖縄の人みんなが諸手を挙げて賛成していたものかというと、実はそうじゃないんですよね。復帰には賛成だけど、基地が残る形ではダメだと思っていた人、もともと復帰しない方が良いと思っていた人……。

「唐ぬ世から大和ぬ世、大和ぬ世からアメリカ世、アメリカ世から大和ぬ世」と転々といわば戸籍が移ってきた沖縄、今から見ればその最後の世替わりの「本土復帰」の舞台裏を探ります。主人公は、おふたり。復帰を進める立場にあった琉球政府の主席秘書を務めていた大城盛三さんと、復帰運動に反対する「反復帰」の思想を打ち出した新川明さんです。

●復帰要求県民総決起大会

沖縄人の人権を

大城盛三さん（81）は、琉球政府の主席から最初の沖縄県知事となった屋良朝苗主席の秘書として、復帰へ至る沖縄の動きをつぶさに見てきた生き証人です。終戦を迎えたのは14歳の時、沖縄を占領したアメリカ人に最初は親近感をもったと言います。日本への復帰は頭にありませんでした。

「最初はそのままアメリカの統治でもいいんじゃないかというのがありました。

なぜかというとね、戦争負けた後、食べるものも住まいも、着るものも何もないでしょ。アメリカがタダでくれよったのよ。戦争の前は鬼畜米英といって、アメリカのことを鬼と言っていたけどね。違うんじゃないかと思ってね。

●復帰要求県民総決起大会

そういう気持ちを持ったんだよ。そのままアメリカ統治でいいと思ったわけじゃないけど、復帰とかいう頭は何もないんだよ。ただアメリカいいなぁと。金、食事くれるから。そういう時代でしたね」

しかし、１９５０年代に入ると、状況は一変したと言います。アメリカ軍は沖縄の土地を力ずくで奪っていきました。県民の反発は強まり、日本への復帰を求める声が高まっていきました。当時、学校の先生をつとめていた大城さんは、生徒たちと接する中で、学習環境の整備が遅れ、本土との格差が広がっていくことも痛感します。次第に復帰が必要だと考えを変えていきました。アメリカ兵による事件や事故も相次ぎ、沖縄の人々の人権が無視されているという怒りも、復帰への思いを後押ししました。

「教科書では民主主義とはこういうものだと教えるわけ

●復帰要求行進

でしょ。でも実際は違うわけですよ。教員の給与はろくに出ないし、校舎も作れない。

このままでは沖縄はおかしくなる、そんな気持ちが高まってきました。憲法がないわけでしょう。人権と財産を守るというのがないもんですから。犯罪がたくさん起きるんですが、裁判がないんですよ。

こんな生活じゃダメだということで、もう復帰したいと強く思うようになりました」

1968年、大城さんは、復帰を進める屋良主席の求めに応じて秘書になります。最大の課題は基地問題でした。

「最初はね、基地を完全撤去しなさいと訴えましたよ。しかしなかなか難しいと分かってきたので、せめて他県並みにしてほしいとなったわけです。物事には必ずしもこっちの要望通りいくわけにはいかないこともあるから

●復帰記念式典での屋良主席の挨拶

ね。

心の中は矛盾だらけでした。忸怩《じくじ》たるものを感じましたよ」

結局、復帰は基地を残したまま迎えられました。問題は今も解決されていません。

「基地問題のように復帰までに解決できなかった問題もあるけれど、復帰すれば、国際問題じゃなくて、国内問題になると期待したんです。より解決しやすくなるのではと思ったのですが、今も問題はそのまま残っているさね。期待とは全然違うわけさね。

基地問題が残っている限り、復帰は完了していないと、知事を辞めた後、屋良さんは死ぬまでそう言ってました」

【スペシャル鼎談】

40年後の「反復帰論」

復帰運動が激しい当時「反復帰論」を展開した新川明さん（80）は、戦後沖縄の言論界を代表するジャーナリストのひとりです。その大先輩の話をうかがったのは、僕、「きんくる」代表の津波信一と、沖縄のロックバンド「モンゴル800」のキヨサクこと上江洌清作さん。新川さんは、モンゴル800と版画家・儀間比呂志さんが制作した詩画集『琉球愛歌』に文章を寄せるなど、モンゴル800の沖縄発のメッセージ性溢れる歌詞に共感を持っていました。復帰40年の節目だからこその、世代がクロスする鼎談となりました。

信ちゃん　新川明さんのお宅にお邪魔しています。きょうはよろしくお願いします。ボクは1971年生まれで、キヨサクくんは1981年生まれ。当然、復帰当時については何にも覚えてないんですね、正直。

キヨサク　今年、復帰から40年を迎えたんですけど、なぜ復帰当時、新川さんは「反復帰論」

●クロス鼎談。信ちゃん、キヨサクさん、そして新川明さん

を主張したのかを聞きたいんです。

新川　１９７２年、ですよね。ボクは「復帰」という言葉は使わないけどさ。「併合」という言葉を使うんだけどね。復帰は併合であると思っているんで。

日本へ帰る事が沖縄を解放する唯一絶対な考えで、そうあるべきだというのが、復帰思想です。それに対して、それはおかしいというのが反復帰の思想なんです。

沖縄とはいったい何か。土着の世界とは何か。これまで歴史的にも文化的にも異質な部分を持っていた沖縄・琉球というものを統合していくために、国は徹底的な皇民化教育をしてきましたね。もっとも大事な言葉、方言を抹殺していく。上から権力的に国家はやるでしょう。その動きに、自分からすり寄っていく。身を投げ入れていく。上からの強制と、下からの同化志向。両方合体して初めて成り立つわけね、植民地的な状況というものは。だから復帰運動というものは、国家に対し、(沖縄が)自分から進んで一緒になろうという動き。

それはおかしいんじゃないか。

そういう精神のありようを断ち切って、**沖縄がどうあるべきか、ウチナーンチュはどう生きるべきか考え直そうというのが「反復帰論」だった。**当時熱狂的に進められていた復帰運動を支える思想というか、精神のあり方に、同意できなかった。

「反復帰論」は、復帰運動に反対する、復帰反対の運動論ではないんです。その運動を支えた精神を批判した言葉であったし、思想であったわけですね。**つまり文化論であり、思想論という事であるわけ。**


新川さんが「反復帰論」を展開したのは1970年前後。当時の沖縄のオピニオン雑誌「新沖縄文学」や本土の雑誌が発表の場でした。復帰運動に取り組んでいた人たちに衝撃を与えました。戦前生まれの新川さんは、子どもの頃、日本への愛国心を根付かせることを徹底的にたき込まれました。しかし住民に多くの犠牲を出した沖縄戦の体験からその誤りに気づきました。それから20年後、日本への復帰を唯一の選択とする復帰運動に、新川さんは戦前と同じものを感じました。復帰は、日本への同化を導くものだと批判しました。自らの歴史を振り返り、沖縄人のアイデンティティを取り戻す必要があると反復帰論を唱えたのです。

●日本国旗を降る少年たち

「沖縄戦」から考える

キヨサク　沖縄が帰る場所というか、帰属するところの根本に疑問をもったって事ですよね。ウチナーンチュとして、どうあるべきかというか。どこを向くべきか、どこに行くべきかという。

復帰40年という年月が流れて自分が思うのは、ウチナーンチュとして、もっと大事なアイデンティティがあったと思うんですよ。 それがだんだん日本復帰して日本に同化していく中で、沖縄というのがだんだん薄れて来ている観がちょっとあると思うんです。風景ももちろん変わりますけど、もっと何か大事なものが無くなっているような感じがしてきてて。

僕は沖縄っていうところが好きでもあるし、嫌いでもあるんです。表裏一体、好きすぎて嫌い。沖縄をやっぱりそういう視点で見たいなと思っていて。だから、みんなが沖縄に求めていたユートピアであったり、逆に中央志向だったりと、何も考えずに一方向に向かうことは怖いなと思っていて。

自分から見たら、日本はアジアから離れようとしているのかなと思う。でも沖縄は完全にアジア。そういう考えで行かないと、時代遅れになるのかなと。だから今、自分の中では、沖縄を皮肉る表現方法をしていますね。〝新都心〟みたいなものをたくさん作っても、よけいに沖縄をダメにすると思うんですよ。

新川　沖縄の現在に立って過去を考えるときに、40年という節目は、大きな歴史的な区切りとしてあるわけですが、やっぱりその前に「沖縄戦」を、戦後の僕たちの生き方をどうすべきかと考える時に、まず立ち返るべき原点として考えるべきだろうと。そこを原点としてスタートさせて、そして復帰があり、現在があるというスパンで考えていってほしいなってね、思いますね。

復帰はもちろんふたりとも全く経験していない。ましてや沖縄戦っていうのは、おじいさんの代ぐらいの感じの、僕らが日露戦争を考える事ぐらいの事だろうかなと思ったりもするけどさ、しかし、やっぱりそこに原点をおいて、その後の沖縄の歴史ってものを考えてもらわないとね。沖縄戦っていう原点に立って復帰を考え、未来を考え、現在を考えるっていう所が大事だろうと思いますよ。

●復帰の日の国際通り。まだ右側交通

「生まれた時から基地がある」

信ちゃん　**ある方に言われたんですけど、よく若い人が「生まれた時から基地もあるし、フェンスがあるのに」と言うと。そしてそこで思考が止まっている。「生まれた時にはあったのに」として、その前の時代を考えようとしない。**

ボクは40歳なんですけど、復帰の前に戦争があったってことは考えてないから、ボクの出発点は１９７２年「復帰」になっちゃうんでしょうね。でもそれより過去のことも考えないと、歴史全体が見えない。

新川　「生まれた時から基地がある」、それが日常のなかにあったわけですよね。普通は、そう。でもそこで「なぜそうなのか」という疑問が生まれなきゃおかしい訳でしょう。なぜ沖縄にこれだけの大きな基地が集中的に日常化されているのかってことを疑問に思わない方が、まずおかしいわけですからね。

キヨサク　「慣れ」って言葉が結構キーワードじゃないかって思って。僕たち戦後の世代というのは、そういう当事者意識を持って、いろいろな物事を考えることって難しかったと思うんですよ、教育の一環として、戦争の実態だったり、歴史を教科書の頁だったり、そういうテレビの映像だったり、語り部さんの話だったり、聞きはするんですよね。でも思考が停止しているそこから、当事者としての感覚であらためて戦争ということを問うことだったり、沖縄が歩んで来た復帰の歴史なりを振り返ることは可能かなというのは、今、話を聞いて思ったんですが。

沖縄の選択を繰り替えし問い直す

信ちゃん　結局基地を認める復帰・返還ということになると、その当時、復帰に託した夢として「平和憲法の下に帰る、本土並みになる」というものがあったけれど、その計画は骨抜きにされたわけですよね。その構図は、今も似ているんじゃないかな。新川さん、どう思います？

40年たって変わらない、むしろひどくなっているんじゃないかなと。

新川　それはひどくなっていますよ。復帰によって沖縄の基地負担は少なくなってませんよ

●復帰にまつわる鼎談はつづく

ね。本土の方は減ってますよね。ずいぶん減ってますよね。日本にある米軍基地の75%近い基地があるわけだしね、それについて日本の国民全体がさ、沖縄の実態について関心があると装っているけども、実際はね、なんら自分たちの問題として考えてないからね。だから復帰して、果たして、その復帰運動のあり方が沖縄の解放という立場に立つと正しい選択だったかどうかということは、絶えず問い直して行かなければいけないと思いますね。

信ちゃん　そこで「反復帰論」という形で問い直すというメッセージが出てくる訳ですね。

キヨサク　復帰40年という節目もあるんですけども、これから沖縄はどうなって欲しい、どうしたらいいって、新川さんが今思う事ってあります？　それを議論するのが大事だと思うんです。俺も自分で言いながら、(問題が) 大きすぎて見えないんですけども。

新川　40年前、あの時点でいわゆる「反復帰論」っていう主張は、圧倒的な復帰運動の中で、本当に少数の、米粒、豆粒ぐらいなもの。それが今いろいろ問い直されてきている事について、これは大変心強く思うし、僕達がやった仕事が無駄でなかったって感じはもちます。

その考え方ってのは、基本的には「沖縄の将来の構想をどう考えますか」っていう事でもあった訳ですからね。だから、こうあって欲しい、という事は、この後の世代が具体的には考えていく事でしょう。その時に、やっぱり原点として沖縄戦があり、復帰があり、そこで僕達ウチナーンチュの選択がどうであったのかということを、たえず繰り返し問い直しながら、未来の事を考えてもらいたいなぁと思う。

将来の構想を考える時に、それは芸術家、アーティストなんかがそうであるように、どれだけ自らの想像力をもって体験者の体験した事を具体的に自分のものとして、自分の中に身体化していけるのか。それは想像力の働きによるわけですよね。その想像力を、どう発揮できるのか。

「反復帰論」の生命力

新川　さっきも津波君が言ったように、復帰に託した夢ってものがあったわけですよね、それは本土並のすばらしい世界が約束される夢があったわけです。復帰してみると全く裏切られた形で今日に至っている。さらに悪くなってきてる部分も多いわけだから、そういう状況が「反復帰論」を問い直させている事になっているわけですね。若い人は一種の時代に対する閉塞感があってですね、その時に、じゃあ40年前に時代状況に反発して、批判した「反復帰論」とは何だったのかという事が問い直されるのは、これは当然の事だろうと。反復帰論の精神っていうか、沢山の思想の中に一石を投じるっていうか、その疑問を持つ姿勢が大事なのかなぁって気もしますね。

沖縄が置かれている時代状況というものが、復帰以前と本質的に変わっていないということがあるわけでしょう。つまり今も植民地状況にあるということですよね。当時、植民地状況から脱却するための復帰運動があったわけですけれども、「反復帰論」というものはですね、「あの復帰運動じゃあ、植民地状況から脱却できませんよ」という主張でもあったわけですね。まさに依然として植民地状況が続いているわけですから、当然反植民地主義の主張であった「反復帰論」が問い直されてくるのは当然の流れであります。**沖縄の植民地状況が続く限りは、「反復帰論」の考え方、主張っていうのは生き続けると思います。**また生き続けて、その時代、時代の各世代がそれを問い直しながら、現実に立ち向かっていく。沖縄の植民地状況が続く限りは、「反復帰論」の生命力は尽きないでしょう。

キヨサク　そうですね。

信ちゃん　逆に強まるかも。
新川　逆に強まるかもわかりません。だからそれが、ずっと長い将来的には、50年後先には、独立論として形になるかもわからない。
信ちゃん　表向きは復帰して、同じ日本国民平等で、というのがありますけど、そこの裏というか、そこで押し付けられている現状があるじゃないですか、臭いものには蓋をしろ、遠くに置いておけばわからないみたいな。でも本土にとって遠くでも、僕たちは、こっちで生きていくわけじゃないですか、沖縄で。そこでもう一回、自分たちの足下、原点を問い直さないといけないということですよね、僕たち。
新川　日本の本土の日本人たちにもさ、こういうウチナーンチュの気持ちを知ってもらいたいと思うな。
キヨサク　それを世代世代で、その精神も礎にしながら、現実の問題はどんどん、どんどん変わってくると思うけれど、それを前提に、ウチらも考えていければ、「反復帰論」は、息の長い思想になると思いますね
新川　ただね、そこで忘れてはならない大事なことはさ、、ウチナーンチュは沖縄にこだわって、沖縄のことをいかにすればいいかということを考えなければいけないわけだけれども、いわゆる沖縄ナショナリズムみたいなものに固執して、凝り固まってしまってはいけない。もっ

とグローバルなというか、インターナショナルな感じの広がりをもった発想が大事。
だからキヨサク君なんかが、若い時分から東京じゃなくてアジアの方に目を向けるということをはっきり自覚的にやっていることは大変心強いですよね。

座談会を終えて

「背中を押された気がした」―キヨサク

信ちゃん　今日たくさん話し込んで、もうこんな時間になっちゃいましたけれども。
キヨサク　気がつけばもう、まっくらです。
信ちゃん　沖縄、まだまだ深いね。
キヨサク　深い。だからもっと自分が住んでいる沖縄の足元から、身近なところから見直さないといけないなと、復帰40年という節目を迎えて、本当に感じることができました。
信ちゃん　そういう節目、節目で振り返ってみる、未来も考えてみるっていうことは、やっぱりやらないといけないですね。実際生き抜いた先輩たちの考えとか、今日はいろんな話が聞けて本当に勉強になったと思います。
キヨサク　やっぱり、リアルな声、考え方だったから。

信ちゃん　僕らは、あの復帰の時はもちろん覚えていないんだけれども、それを実際に経験した当事者というか、僕たちが新川さんの気持ちになって聞くと、逆にこうだったんだ、ああだったんだと、すごい勉強になることがありました。沖縄は深いというか、まだまだわからんことがいっぱいあるね。

　今後、キヨサクの創作活動の中で、何かヒントみたいなものはありましたか。

キヨサク　やっぱりあらためて沖縄を見つめ直したいなぁというのも感じがしたし、今まで通り、貫いていい所は貫いていいんだと、新川さんに背中を押された気がしました。

信ちゃん　やっぱり、普遍的なものって、通じるんだなって。

キヨサク　本当。嬉しいですね、50歳も違う大先輩がね。

信ちゃん　きちっと、胸元にキャッチボールできたというか、こう、心と心でキャッチボールできたような感じがしますよね。僕らも創作活動をする身でありますから、これを機に疑問を持ちつつ、頑張って、復帰40年というこの年にいろんなことを考えていければなぁと思いましたね。

（2012年1月27日放送　ディレクター成清洸太・土江真樹子）

おわりに

5年前、「沖縄金曜クルーズ」が始まる時、ディレクターたちが「こんな番組にしたい！」と思いを綴った文章が、私の手元に残っています。

「沖縄のことを沖縄目線で見る、そしてNHKにしかできない番組をやる！」

「沖縄の人も知らない沖縄を見せる紀行番組をやりたい！」

「沖縄トップランナーと題し人に迫るトーク番組をやりたい。そうした人が一堂に会して徹底的に話しあう討論番組。おじいおばあから知事、芸能人も出演！」

「時には離島にスタジオを移動して公開放送を！」


それから5年、「きんくる」と言えば、「見てるよ！信ちゃんのやってる番組でしょ」と言われる番組になってきました。ここまで育てて頂いた視聴者の方、取材に協力して下さった県民の方々に本当に感謝いたします。制作にあたるディレクターは、ほとんどが本土出身の20代30代。沖縄中、ときには本土や海外まで走り回って取材し撮影し、VTRは自分で編集します。

そうして幾晩も徹夜して作られたＶＴＲを出演者が見るのは、金曜日の午後４時半。放送３時間前に津波信一さん、川満彩杏さんと司会のアナウンサー、そしてその日ご出演頂くゲストの方と一緒に見る、この「試写」をプロデューサーの私は大変楽しみにしてきました。ＶＴＲを見ながら、信ちゃん彩杏ちゃんが笑ってくれたり、うなづいたり、時には目をウルウルさせたり…。そんな反応を見ながら、ゲストの方と、番組でお話し頂く内容を決めていく時間は、とても濃密で、勉強になることばかりです。トークの内容はアドリブが多いので、アナウンサーには、いつも25分で番組がしっかり終われるか、ハラハラさせてきたことと思います。

　扱わせて頂く内容は、本当にチャンプルーです。歌や祭りなどの芸能、基地や戦争、人々の暮らし…、どれひとつとっても、とても沖縄らしい姿でもありながら、どれひとつとってもそれだけでは沖縄を描いたことにならない……そんな沖縄の多様な姿を捉える取り組みを今後も続けて行ければと思います。時にお酒を共にさせて頂く信ちゃんはよくこう言ってくれます「私の方がいつも勉強させられてばかり。ウチナーンチュは意外とウチナーのこと知らないですから」。そんな言葉にも励まされながら、沖縄を巡るクルーズは続いていきます。

　今後も「きんくる」をご贔屓によろしくお願いします！

ＮＨＫ沖縄放送局　制作副部長（現ＮＨＫ東京）　宮本英樹

◆「きんくる」制作スタッフ

キャスター　津波信一（2007年4月～）
武田真一（07年4月～08年3月）
飯田紀久夫（08年4月～12年5月）
塚本堅一（12年6月～）

アシスタント　新城美幸（07年4月～08年3月）
新城愛理（08年4月～09年3月）
石原萌（09年4月～11年3月）
川満彩杏（11年4月～）

プロデューサー　吉野真史（07年4月～5月）
森田智樹（07年6月～09年5月）
宮本英樹（09年6月～12年5月）
佐藤稔彦（12年6月～）

デスク　新田義貴（07年4月～09年6月）
後藤浩孝（09年7月～）

ディレクター　新城裕子　江﨑浩司　豊田研吾　米山史朗　広瀬哲也　森本真紀子　笹山亮　太田千賀　夫馬直実　片山厚志　小川康之　中津海法寛　村瀬香菜子　山﨑隆博　伊藤王樹　野田淳平　酒井有華子　成清洸太　今井章人　板橋俊輔　葛野悠吾　岡田歩　藤原廣進　土江真樹子　池田智　井上真喜

スタッフ　岸本桜子　小椋啓史　金武万里子　仲宗根香織　島袋笑美　上間香　嘉数千尋　新垣裕美子　宮國みゆき　山城祥子　大城桃子

ウチナーンチュも知らない《沖縄》を伝える

読む きんくる!

２０１２年７月23日
初版第１刷発行

編著者 ＮＨＫ沖縄「沖縄金曜クルーズ」制作班&
津波信一

発行者 宮城正勝

発行所 (有)ボーダーインク
沖縄県那覇市与儀２２６-３
http://www.borderink.com
tel ０９８-８３５-２７７７
fax ０９８-８３５-２８４０

印刷所 東洋企画印刷

JSRAC 出 1207807-201

定価はカバーに表示しています。本書の一部を、または全部を無断で複製・転載・デジタルデータ化することを禁じます。

ISBN978-4-89982--227-1 C0036

©NHK OKINAWA 、TSUHA Shinichi 2012 printed in OKINAWA Japan

しーぶんのおまけで〜す。

信ちゃんのニュー沖縄のおもしろ看板★スター

えっ、今は？

それはもはやランチじゃないのでは……。

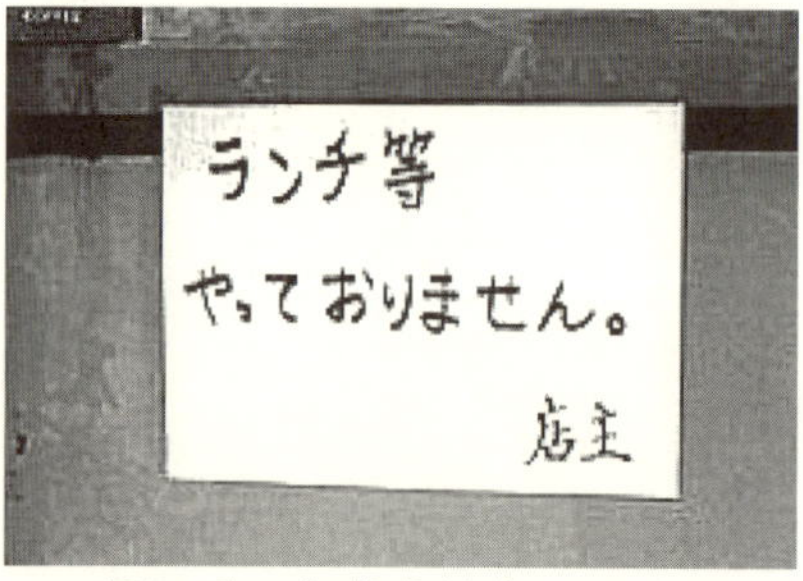

ランチ、あきらめないで！